微分流形基础

WEIFEN LIUXING JICHU

宋卫东◎编著

安徽师范大学出版社

责任编辑:吴毛顺
装帧设计:丁奕奕　王　芳

图书在版编目(CIP)数据

微分流形基础/宋卫东编著.—芜湖:安徽师范大学出版社,2013.2
ISBN 978-7-5676-0445-2
Ⅰ.①微…　Ⅱ.①宋…　Ⅲ.①微分流形—高等学校—教材　Ⅳ.①O189.3

中国版本图书馆CIP数据核字(2013)第027263号

微分流形基础
宋卫东　编著

出版发行:安徽师范大学出版社
芜湖市九华南路189号安徽师范大学花津校区 邮政编码:241002
网　　址:http://www.ahnupress.com/
发 行 部:0553-3883578 5910327 5910310(传真)E-mail:asdcbsfxb@126.com
经　　销:全国新华书店
印　　刷:安徽芜湖新华印务有限责任公司
版　　次:2013年2月第1次修订
印　　次:2013年2月第1次印刷
规　　格:889×1194　1/32
印　　张:5.5
字　　数:135千
书　　号:ISBN 978-7-5676-0445-2
定　　价:15.00元

前　言

微分流形是20世纪数学中有代表性的基础概念之一，它不仅已成为数学本身最基本、最重要、最活跃的研究领域，而且在代数拓扑、偏微分方程、函数论、变分学、随机过程等数学分支及力学、理论物理、规范场论等学科中获得了越来越深刻的应用．

本书分为五章，第一章综述了阅读本书所必需的预备知识：点集拓扑学、张量代数、外代数等．第二章介绍了微分流形中最重要、最基本的概念，如光滑函数、切空间、切映射等，列举了大量的微分流形的例子．第三章讨论了流形上的张量场．第四章研究了外微分形式、外微分、外微分形式的积分及Stokes定理．这些内容一方面是研究近代微分几何的基本工具，另一方面是研究流形整体性质的常用方法．第五章引进了流形上的仿射联络和流形上若干重要的微分算子，它们在许多分支学科中扮演重要的角色．各章末都附有问题与练习，其中有些是本书内容的补充和延伸．

考虑到这门课是数学教育专业高年级本科生的选修课及基础数学其他相关专业方向研究生的基础课，我们尽可能地把概念表述得比较具体、比较直观，更多地与欧氏空间中已经熟悉的概念联系起来，采用局部坐标系帮助学生理解抽象概念的实质，提高实际计算的能力．由于这是一本入门教材，不可能面面俱到，不少内容及一些重要结论的证明只得忍痛割爱，但尽可能注出参考文献，尽可能完整和系统化．

在编写本书的过程中，作者主要参考了陈维桓教授所著的《微分流形初步》(高等教育出版社,2001) 和徐森林教授所著的《流形和 *Stoks* 定理》(人民教育出版社,1983),此外也参考了其他的著作和相关成果,这里难以一一标示,特向原作者表示衷心的感谢.

本书的最初稿本是作者在安徽师范大学数学系开设“微分流形”选修课时所编的讲义,这本著作就是以此为基础并结合多年的教学实践编写而成的. 安徽师范大学数学系张量同志参加了本书第一章及第二章部分内容的编写,并仔细地阅读了全部书稿;在本书的编写和出版过程中,作者还一直得到安徽省教育厅自然科学研究基金、教学研究基金和安徽师范大学教材建设基金的支持;安徽师范大学鲁世平教授、衢州学院汪文贤副教授非常关心本书的编写工作,提出了许多宝贵的建设性意见,在此表示诚挚的谢意.

由于作者水平有限,书中有些内容的处理方法不一定妥当,错误也在所难免,诚望大家批评指正,以便改进.

宋卫东

2006 年 1 月

目　录

第一章　预备知识

本章主要介绍拓扑空间、n 维欧氏空间、多重线性映射、张量和外代数等方面的有关理论，为微分流形一般概念的建立作必要的准备，同时，这些理论本身也是近代数学基础中最基本、最重要而又最活跃的研究领域，关于它们的详细叙述可参考有关的专著．

§1.1　拓扑空间

1.1.1　拓扑空间的概念

定义 1.1　设 X 是一个集合，$\mathscr{F}$ 是 X 的一个子集族，如果 $\mathscr{F}$ 满足：

(1) $X,\phi \in \mathscr{F}$;

(2) 若 $A,B \in \mathscr{F}$，则 $A \cap B \in \mathscr{F}$;

(3) 若 $\mathscr{F}_1 \subset \mathscr{F}$，则 $\bigcup\limits_{A \in \mathscr{F}_1} A \in \mathscr{F}$.

则称 $\mathscr{F}$ 是 X 的一个**拓扑**，$(X,\mathscr{F})$ 是一个**拓扑空间**．在明确所赋予的拓扑 $\mathscr{F}$ 时，$(X,\mathscr{F})$ 可简记为 X，此外，$\mathscr{F}$ 中的每个元素称为拓扑空间 $(X,\mathscr{F})$ 的一个**开集**．

定义 1.2　设 $(X,\mathscr{F})$ 是一个拓扑空间，$x \in X$，如果 U 是 X 的一个子集并满足条件：存在一个开集 $V \in \mathscr{F}$，使得 $x \in V \subset U$，则称 U 是 x 的一个**邻域**．特别地，如果 $U \in \mathscr{F}, x \in U$，则称 U 是 x 的一个**开邻域**．

定义 1.3　设 $(X,\mathscr{F})$ 是一个拓扑空间，$A \subset X$.

(1) 如果 x 的任一邻域 U 中都有 A 中异于 x 的点,即

$$U \cap (A - \{x\}) \neq \varnothing,$$

则称 x 是 A 的一个**聚点**. 否则称 x 是 A 的一个**孤立点**.

(2) A 的所有聚点构成的集合称为 A 的**导集**,记为 $d(A)$.

(3) A 与 A 的导集 $d(A)$ 的并集 $A \cup d(A)$ 称为 A 的**闭包**,记作 $\bar{A}$.

定义 1.4 设 $(X,\mathscr{T})$ 是一个拓扑空间,$A \subset X$,若 $d(A) \subset A$,则称 A 是 X 中的一个**闭集**.

定理 1.1 设 $(X,\mathscr{T})$ 是一个拓扑空间,$A \subset X$,则(1)(2)(3) 彼此等价:

(1) A 为 X 的闭集,即 $d(A) \subset A$;

(2) $A = \bar{A}$;

(3) $X - A$ 为 X 的开集.

例 1 平庸空间

设 X 是一个集合,令 $\mathscr{T} = \{X, \varnothing\}$,易证 $\mathscr{T}$ 是 X 的一个拓扑,称为 X 的**平庸拓扑**,$(X,\mathscr{T})$ 称为一个**平庸空间**.

例 2 离散空间

设 X 是一个集合,令 $\mathscr{T} = 2^X$,即由 X 所有子集构成的集族,易证 $\mathscr{T}$ 是 X 的一个拓扑,称为 X 的**离散拓扑**,$(X,\mathscr{T})$ 称为**离散空间**.

显然,离散空间的每个子集既是开集也是闭集.

注 由上述两例可知,对任一集合 X 都可赋予拓扑使其成为一个拓扑空间,并且拓扑的赋予方式未必唯一.

例 3 n 维欧氏空间 $\boldsymbol{R}^n$

用 $\boldsymbol{R}^n$ 表示所有有序的 n 个实数构成的数组的集合,即

$$\boldsymbol{R}^n = \{x = (x^1, x^2, \cdots, x^n) \mid x^i \in \boldsymbol{R}, 1 \leqslant i \leqslant n\},$$

其中 $\boldsymbol{R}$ 表示实数域,实数 x^i 称为点 $x \in \boldsymbol{R}^n$ 的第 i 个坐标. 在 $\boldsymbol{R}^n$ 中定义两点 $x = (x^1, x^2, \cdots, x^n)$ 和 $y = (y^1, y^2, \cdots, y^n)$ 之间的距离 $d(x,y)$ 为

$$d(x,y) = \sqrt{\sum_{i=1}^{n} (x^i - y^i)^2}.$$

集合$\boldsymbol{R}^n$和它的距离d所构成的序对$(\boldsymbol{R}^n,d)$称为**n维欧氏空间**,通常记为$\boldsymbol{R}^n$.

(1)$\boldsymbol{R}^n$是拓扑空间

设$x_0 \in \boldsymbol{R}^n$,ε为任一正数,令

$$\boldsymbol{B}_{\varepsilon}(x_0) = \{x \in \boldsymbol{R}^n \mid d(x_0,x) < \varepsilon\},$$

称$\boldsymbol{B}_{\varepsilon}(x_0)$为$\boldsymbol{R}^n$中以$x_0$为中心,$\varepsilon$为半径的开球,令

$$\mathscr{F} = \{A \subset \boldsymbol{R}^n \mid \text{对于任意 } x_0 \in A, \text{存在 } \boldsymbol{B}_{\varepsilon}(x_0) \subset A\}.$$

易证$\mathscr{F}$是$\boldsymbol{R}^n$的拓扑,从而$(\boldsymbol{R}^n,\mathscr{F})$是拓扑空间.

(2)$\boldsymbol{R}^n$是n维向量空间

令$e_1 = (1,0,\cdots,0)$,$e_2 = (0,1,0,\cdots,0)$,$\cdots$,$e_n = (0,0,\cdots,0,1)$,则$e_1,\cdots,e_n$是$\boldsymbol{R}^n$的一组基,对于任意$x,y \in \boldsymbol{R}^n$,则

$$x = \sum_{i=1}^{n} x^i e_i, \quad y = \sum_{i=1}^{n} y^i e_i,$$

在$\boldsymbol{R}^n$中定义加法和数乘为:

$$x + y \triangleq \sum_{i=1}^{n} (x^i + y^i)e_i \triangleq (x^1 + y^1,\cdots,x^n + y^n),$$

$$\lambda x \triangleq \sum_{i=1}^{n} (\lambda x^i)e_i \triangleq (\lambda x^1,\cdots,\lambda x^n),$$

其中$\lambda \in \boldsymbol{R}$,于是$\boldsymbol{R}^n$是实数域$\boldsymbol{R}$上的$n$维向量空间①.

(3)$\boldsymbol{R}^n$是内积空间

在$\boldsymbol{R}^n$中定义内积$\langle\,,\rangle$,$x = (x^1,\cdots,x^n)$,$y = (y^1,\cdots,y^n)$,

$$\langle x,y\rangle = \sum_{i=1}^{n} x^i y^i,$$

从而$((\boldsymbol{R}^n),\langle\,,\rangle)$是内积空间.

例4　拓扑子空间(相对拓扑)　设$(X,\mathscr{F})$是拓扑空间,$Y \subset X$,令

① $\triangleq$ 表示定义为

$$\mathscr{T}_Y = \{W \subset Y \mid \text{存在 } U \in \mathscr{T}, \text{使得 } W = U \cap Y\},$$

易证$\mathscr{T}_Y$是Y的一个拓扑,称为(相对X的拓扑$\mathscr{T}$而言的)相对拓扑,$(Y,\mathscr{T}_Y)$称为$(X,\mathscr{T})$的一个拓扑子空间.

注　子空间传递性,即如果Z是Y的子空间,Y是X的子空间,则Z是X的子空间.

1.1.2　拓扑基

$\boldsymbol{R}^n$的欧氏拓扑是由球形邻域族通过求并运算产生的,球形邻域族在构造欧氏拓扑中起到了基础性的作用. 类似地,可在一般拓扑空间中提出基的概念.

定义1.5　设$(X,\mathscr{T})$是一个拓扑空间,$\mathscr{B} \subset \mathscr{T}$,如果$\mathscr{T}$中的每个元素都是$\mathscr{B}$中某些元素的并,即对于每个$U \in \mathscr{T}$,存在$\mathscr{B}_U \subset B$,使得

$$U = \bigcup_{B \in \mathscr{B}_U} B,$$

则称$\mathscr{B}$是拓扑$\mathscr{T}$的一个基,或称$\mathscr{B}$是拓扑空间X的一个基.

例5　(1)所有球形邻域构成的集族是欧氏拓扑空间$\boldsymbol{R}^n$的一个基;

(2)所有单点集构成的集族是离散空间的一个基.

下面的定理将$\boldsymbol{R}^n$中构造欧氏拓扑的方法一般化,即对任意一个集合,首先挑出它的一个满足一定条件的子集族,然后由该子集族通过求并运算产生一个拓扑恰以这一子集族为基.

定理1.2　设X是一个集合,$\mathscr{B}$是X的一个子集族,如果$\mathscr{B}$满足条件:

(1) $\bigcup_{B \in \mathscr{B}} B = X$;

(2) 如果$B_1, B_2 \in \mathscr{B}$,则对任意$x \in B_1 \cap B_2$,存在$B \in \mathscr{B}$,使得$x \in B \subset B_1 \cap B_2$,则$X$的子集族

$$\mathscr{T} = \{U \subset X \mid \text{存在 } \mathscr{B}_U \subset \mathscr{B}, \text{使得 } U = \bigcup_{B \in \mathscr{B}_U} B\}$$

是集合X的唯一一个以$\mathscr{B}$为基的拓扑;反之如果X的子集族$\mathscr{B}$是X

的某个拓扑的基，则 $\mathscr{B}$ 一定满足(1)、(2)．

我们不难验证 $\boldsymbol{R}^n$ 的球形邻域族确实满足上述定理的条件(1)、(2)，因此它可通过求并运算产生一个拓扑，即 $\boldsymbol{R}^n$ 的欧氏拓扑．下面再给出一例．

例 6　积空间

设 $(X_1,\mathscr{T}_1),\cdots,(X_n,\mathscr{T}_n)$ 是 $n\geqslant 1$ 个拓扑空间，则 $X=X_1\times\cdots\times X_n$ 的子集族

$$\mathscr{B}=\{U_1\times\cdots\times U_n\mid U_i\in\mathscr{T}_i,i=1,\cdots,n\}$$

满足定理 1.2 的条件(1)、(2)，所以存在 X 的唯一一个拓扑 $\mathscr{T}$ 以 $\mathscr{B}$ 为基．$\mathscr{T}$ 称为 $\mathscr{T}_1,\cdots,\mathscr{T}_n$ 的积拓扑，$(X,\mathscr{T})$ 称为 $(X,\mathscr{T}_1),\cdots,(X_n,\mathscr{T}_n)$ 的积空间．

1.1.3　连续映射和同胚

现在将数学分析中连续映射的概念推广到拓扑空间．

定义 1.6　设 X、Y 是两个拓扑空间，映射 $f:X\to Y$．如果 Y 中每个开集 U 的原像 $f^{-1}(U)$ 是 X 中的一个开集，则称 f 是从 X 到 Y 的一个连续映射．

定理 1.3　设 $(X,\mathscr{T}_1),(Y,\mathscr{T}_2)$ 为拓扑空间，映射 $f:X\to Y$．则条件(1) ~ (4) 彼此等价：

(1) $f:X\to Y$ 连续；

(2) f 在 X 上的每一点连续，即任意 $x\in X$，对 $f(x)$ 的任一邻域 W，$f^{-1}(W)$ 是 x 的一个邻域；

(3) 存在 $(Y,\mathscr{T}_2)$ 的一个基 $\mathscr{B}$，使得对任意 $B\in\mathscr{B}$，$f^{-1}(B)\in\mathscr{T}_1$；

(4) Y 中任一闭集 A 的原像 $f^{-1}(A)$ 是 X 中的闭集．

注　上述定理的条件(2) 等价于：对任意 $x\in X$ 及 $f(x)$ 的任一邻域 W，必存在 x 的邻域 V，使得 $f(V)\subset W$（数学分析中函数在一点连续的定义）．

定理 1.4　设 X、Y、Z 都是拓扑空间，则

(1) 恒同映射 $id:X \to X$ 连续;

(2) 若映射 $f:X \to Y, g:Y \to Z$ 都是连续映射,那么 $g \circ f:X \to Z$ 也是连续映射.

定理 1.5 设 $Y, X_1, \cdots, X_n$ 为拓扑空间,则积空间 $X_1 \times \cdots \times X_n$ 向第 i 个因子空间 X_i 的投影

$$\pi_i: X_1 \times \cdots \times X_n \to X_i; (x_1, \cdots, x_n) \mapsto x_i$$

是连续映射,且映射 $f:Y \to X_1 \times \cdots \times X_n$ 连续当且仅当每个 $\pi_i \circ f:Y \to X_i (1 \leqslant i \leqslant n)$ 都是连续的.

设 X, Y 是两个拓扑空间,映射 $f:X \to Y$ 称为**同胚映射**,如果 f 是一一映射,且 f, f^{-1} 都是连续映射,此时称 X 与 Y 是**同胚的**,记为 $X \cong Y$. 显然,同胚作为拓扑空间之间的关系,一定是等价关系.

1.1.4 连通性

定义 1.7 设 X 是一个拓扑空间,如果存在 X 的两个非空不相交的开集 A, B 使得 $X = A \cup B$,则称 X 是一个**不连通空间**,否则称 X 是连通的.

例 7 n 维欧氏空间 $\boldsymbol{R}^n$ 是连通的,此外 $\boldsymbol{R}^1$ 中的任一至少含两个点的子集是连通的当且仅当它是一个区间.

定理 1.6 设 X 是一个连通空间, $f:X \to Y$ 是一个连续映射,则 $f(X)$ 是 Y 的连通子集,即 $f(X)$ 作为 Y 的子空间是连通的.

由定理 1.6 可知连通性是一个拓扑不变性质,即如果 X 是一个连通空间,那么与 X 同胚的所有拓扑空间都是连通的.

推论 1 欧氏平面 $\boldsymbol{R}^2$ 上的单位圆周 $S^1 = \{(x^1, x^2) \in \boldsymbol{R}^2 \mid (x^1)^2 + (x^2)^2 = 1\}$ 是连通的.

证明 作映射

$$f: \boldsymbol{R} \to \boldsymbol{R}^2; t \to (\cos 2\pi t, \sin 2\pi t),$$

易见 f 是连续的, $f(\boldsymbol{R}) = S^1$. 由于 $\boldsymbol{R}$ 连通,由定理 1.6 知 S^1 连通.

推论 2(介值性定理) 设 X 是一个连通空间, $f:X \to \boldsymbol{R}$ 是一个连

续映射,则 $f(X)$ 是 $\boldsymbol{R}$ 上的一个区间或是一个点.

定理 1.7　设 $X_1,\cdots,X_n$ 是 n 个连通空间,则积空间 $X_1\times\cdots\times X_n$ 也是连通的.

例 8　n 维圆环面,即 n 个单位圆周的积空间

$$T^n=\underbrace{S^1\times\cdots\times S^1}_{n个}$$

是一个连通空间.

1.1.5　A₂ 空间

定义 1.8　一个拓扑空间如果有一个可数基,则称该空间是一个满足第二可数性公理的空间,或简称为 $\boldsymbol{A_2}$ **空间**.

例 9　$\boldsymbol{R}^n$ 是一个 A_2 空间.

定理 1.8　设 X、Y 是两个拓扑空间,$f:X\to Y$ 是一个满的连续开映射(所谓 $f:X\to Y$ 为开映射,即对 X 的任一开集 U,$f(U)$ 为 Y 的开集). 如果 X 是 A_2 的,那么 Y 一定也是 A_2 的. 因此满足第二可数性公理是一个拓扑不变性质.

定理 1.9　A_2 空间的任一子空间仍是 A_2 空间.

定理 1.10　设 $X_1,\cdots,X_n$ 是 n 个 A_2 空间,那么积空间 $X_1\times\cdots\times X_n$ 也是 A_2 空间.

例 10　由定理 1.9 知单位圆周 S^1 是 A_2 空间,由定理 1.10 知 n 维圆环面 T^n 也是 A_2 空间.

1.1.6　T₂ 空间

定义 1.9　设 X 是一个拓扑空间,如果对 X 中的任意两个不同点 x,y 分别存在 x 的邻域 U,y 的邻域 V,使得 $U\cap V=\phi$,则称 X 是一个 $\boldsymbol{T_2}$ **空间**或称 X 是一个 **Hausdorff 空间**.

例 11　$\boldsymbol{R}^n$ 是一个 Hausdorff 空间.

定理 1.11　设 X 是一个 Hausdorff 空间,则

(1) X 中的任一有限子集都是闭集;

(2) 若$\{x_i\}$是X中的一个收敛点列(存在$x \in X$,满足:对x的任一邻域U,总存在$N \in \mathbf{Z}^+$,当$i > N$时,$x_i \in U$),则$\{x_i\}$的极限点必唯一.

定理 1.12 设拓扑空间X与Y同胚,如果X是T_2的,那么Y一定也是T_2的.

定理 1.13 Hausdorff 空间的任一子空间仍是 Hausdorff 空间.

定理 1.14 有限个 Hausdorff 空间的积空间仍是 Hausdorff 空间.

1.1.7 紧致性

定义 1.10 设A是拓扑空间X的子集,$\mathscr{A}$是X的一个子集族.如果$A \subset \bigcup_{V \in \mathscr{A}} V$,则称$\mathscr{A}$为$A$的**覆盖**;如果$\mathscr{A}$中的每个成员都是开集,则称$\mathscr{A}$为$A$的**开覆盖**;如果$\mathscr{A}$中只有有限个成员,则称$\mathscr{A}$为$A$的一个**有限覆盖**;如果子集族$\mathscr{A}_0 \subset \mathscr{A}$使得$A \subset \bigcup_{V \in \mathscr{A}_0} V$,则称$\mathscr{A}_0$为$\mathscr{A}$的**子覆盖**.

定义 1.11 设X是一个拓扑空间,如果X的任一开覆盖都有一个有限子覆盖,则称X是一个**紧致空间**.

定理 1.15 设X,Y是两个拓扑空间,$f:X \to Y$是一个连续映射,如果X是紧致的,则$f(X)$是Y的一个紧致集,即$f(X)$作为Y的子空间是紧致的,因此紧致性是一个拓扑不变性质.

定理 1.16 紧致空间的每个闭子空间都是紧致的.

定理 1.17 Hausdorff 空间的紧致集必为闭集.

注 紧致空间:闭集 $\Rightarrow$ 紧致子集;

Hausdorff 空间:闭集 $\Leftarrow$ 紧致子集;

紧致 Hausdorff:闭集 $\Leftrightarrow$ 紧致子集.

定理 1.18 有限个紧致空间的积空间仍是紧致空间.

定理 1.19 设A是n维欧氏空间$\boldsymbol{R}^n$的子集,则A为紧致集当且仅当A是一个有界闭集.

例 11　由定理 1.18 知，n 维单位球面 S^n（取关于 $\boldsymbol{R}^n$ 的相对拓扑）是一个紧致空间．特别地，S^1 紧致．又由定理1.18，圆环面 T^n 也是紧致的．

推论 2　S^n 及 T^n 都不与 $\boldsymbol{R}^m$ 同胚．

证明　如果 $\boldsymbol{R}^m$ 与 S^n 或 T^n 同胚，由例 11 及定理 1.15 知 $\boldsymbol{R}^n$ 一定也是紧致的，而定理1.19 告诉我们这是不可能的，所以 $\boldsymbol{R}^n$ 与 S^n 及 T^n 都不同胚．

定理 1.20　设 X 是一个紧致空间，$f:X\to\boldsymbol{R}$ 是一个连续映射，则存在 $x_0,x_1\in X$，使得对任意 $x\in X$，有

$$f(x_0)\leqslant f(x)\leqslant f(x_1).$$

换言之，定义在非空紧致空间上的连续实函数必有最大值和最小值．

定理 1.21　从紧致空间到 Hausdorff 空间的任一连续映射都是闭映射．

推论 3　从紧致空间到 Hausdorff 空间的任一连续双射必为同胚．

§1.2　向量值函数

设 $\boldsymbol{R}^m$ 为 m 维欧氏空间，$x\in\boldsymbol{R}^m$ 记为

$$x=(x^1,\cdots,x^m),$$

则

$$\langle x,y\rangle=x^1y^1+\cdots+x^my^m$$

为 $\boldsymbol{R}^m$ 的欧氏内积，其中 $y=(y^1,\cdots,y^m)$，此时 x 的模长为

$$|x|=\left(\sum_{i=1}^m (x^i)^2\right)^{\frac{1}{2}}.$$

1.2.1　向量值函数的概念

定义 1.12　设 U 是 $\boldsymbol{R}^m$ 的一个开集，映射

$$f: U \to \boldsymbol{R}^n$$

称为向量值函数.

注 当 $U = (a,b) \subset \boldsymbol{R}$ 时,向量值函数 $f: U \to \boldsymbol{R}^n$ 是 $\boldsymbol{R}^n$ 中的一条曲线.

定义 1.13 设 $i = 1, \cdots, m$,映射

$$\pi^i: \boldsymbol{R}^m \to \boldsymbol{R}; x = (x^1, \cdots, x^m) \to x^i$$

称为第 i 个坐标投影,此时向量值函数 $f: U \to \boldsymbol{R}^m$ 可表示为

$$y = f(x) = (f^1(x), \cdots, f^m(x)),$$

其中 $f^i = \pi^i \circ f$ 是通常的 m 元数值函数,称为 f 的第 i 个分量函数.

例 1(对称) 设 $f: \boldsymbol{R}^3 \to \boldsymbol{R}^3$ 将每点 $P \in \boldsymbol{R}^3$ 对应到它关于原点 O 的对称点,即

$$f(x^1, x^2, x^3) = (-x^1, -x^2, -x^3), x = (x^1, x^2, x^3) \in \boldsymbol{R}^3.$$

它的分量函数

$$f^i(x^1, x^2, x^3) = -x^i, \quad i = 1, 2, 3.$$

例 2(反演) 设 $f: \boldsymbol{R}^2 - \{(0,0)\} \to \boldsymbol{R}^2$ 定义为

$$f(x^1, x^2) = \left(\frac{x^1}{(x^1)^2 + (x^2)^2}, \frac{x^2}{(x^1)^2 + (x^2)^2}\right),$$

$$x = (x^1, x^2) \in \boldsymbol{R}^2 - \{(0,0)\}.$$

其几何意义是将 $x \in \boldsymbol{R}^2 - \{(0,0)\}$ 对应到半直线 Ox 上满足 $|x||f(x)| = 1$ 的点 $f(x)$,即

$$f(x) = |f(x)| \frac{x}{|x|} = \frac{x}{|x|^2},$$

f 的分量函数为

$$f^i(x^1, x^2) = \frac{x^i}{(x^1)^2 + (x^2)^2}, i = 1, 2.$$

例 3(投影) 向量值函数 $f: \boldsymbol{R}^3 \to \boldsymbol{R}^2$,定义为

$$f(x^1, x^2, x^3) = (x^1, x^2), x = (x^1, x^2, x^3) \in \boldsymbol{R}^3,$$

表示 $\boldsymbol{R}^3$ 的点 x 投影到 x^1x^2 平面上,其分量函数为

$$f^i(x^1, x^2, x^3) = x^i, i = 1, 2.$$

1.2.2 向量值函数的连续性

定义 1.14 如果向量值函数 $f: U(\subset \boldsymbol{R}^m) \to \boldsymbol{R}^n$ 的每个分量函数都在 $x_0 \in U$(或 U 上)连续,则称向量值函数 f 在点 x_0 (或 U 上)**连续**.

易见 $\boldsymbol{R}^m$ 的欧氏拓扑与 $\boldsymbol{R}^m$ 作为积空间 $\boldsymbol{R}^m = \underbrace{\boldsymbol{R} \times \cdots \times \boldsymbol{R}}_{m个}$ 的积拓扑是一致的,因此有

定理 1.22 向量值函数 $f: U(\subset \boldsymbol{R}^m) \to \boldsymbol{R}^n$ 在点 $x_0 \in U$ 连续的充要条件是对 $f(x_0)$ 的任一邻域 V,存在 x_0 的邻域 W,使得 $f(W) \subset V$.

1.2.3 向量值函数的可微性

定义 1.15 如果向量值函数 $f: U(\subset \boldsymbol{R}^m) \to \boldsymbol{R}^n$ 的每个分量函数都在 $x_0 \in U$(或 U 上)**可微**,则称向量值函数 f 在 x_0(或 U 上)**可微**.特别地,如果 f 的每个分量函数在 $x_0 \in U$(或 U 上)都是 $\boldsymbol{C}^\infty$(**光滑**)的,则称 f 在 $x_0 \in U$(在 U 上)是 $\boldsymbol{C}^\infty$(**光滑**)的.

我们今后主要讨论光滑情形,由定义及定义 1.14 可直接得到

定理 1.23 若向量值函数 $f: U(\subset \boldsymbol{R}^m) \to \boldsymbol{R}^n$ 在点 x_0 可微,则 f 必在点 x_0 连续.

定理 1.24 向量值函数 $f: U(\subset \boldsymbol{R}^m) \to \boldsymbol{R}^n$ 在点 x_0 可微的充要条件是存在一个线性映射 $A: \boldsymbol{R}^m \to \boldsymbol{R}^n$ 和 n 维向量值函数 $R(x, x_0) = (r^1(x, x_0), \cdots, r^n(x, x_0))^T$,使得

$$f(x) = f(x_0) + A(x - x_0) + |x - x_0| R(x, x_0),$$

且

$$\lim_{x \to x_0} |R(x, x_0)| = 0.$$

证明 f 在点 x_0 可微意味着 f 的 n 个分量函数 $f^\alpha(x^1, \cdots, x^m)$ 在 $x_0 = (x_0^1, \cdots, x_0^m)$ 可微,其充要条件是

$$f^\alpha(x)=f^\alpha(x_0)+\sum_{i=1}^{m}C_i^\alpha(x^i-x_0^i)+|x-x_0|r^\alpha(x,x_0).$$

其中 $C_1^\alpha,\cdots,C_m^\alpha$ 为常数,且

$$\lim_{x\to x_0}r^\alpha(x,x_0)=0.$$

将上述两式写成矩阵形式

$$\begin{pmatrix}f^1(x)\\ \vdots\\ f^n(x)\end{pmatrix}=\begin{pmatrix}f^1(x_0)\\ \vdots\\ f^n(x_0)\end{pmatrix}+\begin{pmatrix}C_1^1 & \cdots & C_m^1\\ \vdots & & \vdots\\ C_1^n & \cdots & C_m^n\end{pmatrix}\begin{pmatrix}x^1-x_0^1\\ \vdots\\ x^m-x_0^m\end{pmatrix}+|x-x_0|\begin{pmatrix}r^1(x,x_0)\\ \vdots\\ r^n(x,x_0)\end{pmatrix},$$

$$\lim_{x\to x_0}\begin{pmatrix}r^1(x,x_0)\\ \vdots\\ r^n(x,x_0)\end{pmatrix}=\begin{pmatrix}0\\ \vdots\\ 0\end{pmatrix}.$$

明显地,定理中的线性映射为

$$A:\boldsymbol{R}^m\to\boldsymbol{R}^n;\begin{pmatrix}x^1\\ \vdots\\ x^m\end{pmatrix}\mapsto\begin{pmatrix}C_1^1 & \cdots & C_m^1\\ \vdots & & \vdots\\ C_1^n & \cdots & C_n^n\end{pmatrix}\begin{pmatrix}x^1\\ \vdots\\ x^m\end{pmatrix}.$$

向量值函数即

$$R(x,x_0)=\begin{pmatrix}r^1(x,x_0)\\ \vdots\\ r^n(x,x_0)\end{pmatrix}.$$

注 由定理1.24可知,向量值函数 $f:U(\subset\boldsymbol{R}^m)\to\boldsymbol{R}^n$ 在点 x_0 可微的充要条件是 $f(x)-f(x_0)$ 与 $x-x_0$ 在允许相差一个较 $|x-x_0|$ 高阶无穷小的条件下,$f(x)-f(x_0)$ 与 $x-x_0$ 之间仅相差一个线性映射.

推论 4　条件如定理 1.24 所述，称线性映射 $A:\boldsymbol{R}^m\to\boldsymbol{R}^n$ 为向量值函数 f 在点 x_0 的微分，记为 $Df(x_0)$. 它所对应的系数矩阵 (C_i^α) 为 f 在点 x_0 的 Jacobi 矩阵，即

$$(C_i^\alpha)_{m\times n}=\begin{pmatrix}\dfrac{\partial f^1}{\partial x^1}(x_0) & \cdots & \dfrac{\partial f^1}{\partial x^m}(x_0)\\ \vdots & & \vdots\\ \dfrac{\partial f^n}{\partial x^1}(x_0) & \cdots & \dfrac{\partial f^n}{\partial x^m}(x_0)\end{pmatrix}.$$

下面我们给出向量值函数 $f:U(\subset\boldsymbol{R}^m)\to\boldsymbol{R}^n$ 在点 x_0 微分的几何意义.

定理 1.25　设向量值函数 $f:U(\subset\boldsymbol{R}^m)\to\boldsymbol{R}^n$ 在点 x_0 可微，则对任意的 $v\in\boldsymbol{R}^m$，必存在 $\boldsymbol{R}^m$ 中的一条曲线 $\alpha:(-\varepsilon,\varepsilon)\to\boldsymbol{R}^m$，满足 $\alpha(0)=x_0,\alpha'(0)=v$，此时

$$Df(x_0)(v)=(f\circ\alpha)'(0),$$

即 $Df(x_0)(v)$ 为 $\boldsymbol{R}^n$ 中的曲线 $f\circ\alpha$ 在 $f(x_0)$ 点的切向量.

证明　显然满足 $\alpha(0)=x_0,\alpha'(0)=v$ 的曲线 α 是存在的，如直线 $\alpha(t)=x_0+tv$，直接计算 $Df(x_0)(v)$ 有

$$Df(x_0)(v)=\begin{pmatrix}\dfrac{\partial f^1}{\partial x^1}(x_0) & \cdots & \dfrac{\partial f^1}{\partial x^m}(x_0)\\ \vdots & & \vdots\\ \dfrac{\partial f^n}{\partial x^1}(x_0) & \cdots & \dfrac{\partial f^n}{\partial x^m}(x_0)\end{pmatrix}\begin{pmatrix}(\alpha^1)'(0)\\ \vdots\\ (\alpha^m)'(0)\end{pmatrix}$$

$$=\begin{pmatrix}\displaystyle\sum_{i=1}^m\frac{\partial f^1}{\partial x^i}(x_0)\cdot(\alpha^i)'(0)\\ \vdots\\ \displaystyle\sum_{i=1}^m\frac{\partial f^n}{\partial x^i}(x_0)\cdot(\alpha^i)'(0)\end{pmatrix}$$

$$=\begin{pmatrix}(f^1\circ\alpha)'(0)\\ \vdots\\ (f^n\circ\alpha)'(0)\end{pmatrix}=(f\circ\alpha)'(0),$$

上式中 $\alpha^1,\cdots,\alpha^m$ 为 α 的 m 个分量函数.

定理 1.26(链式法则)　设 U、V 分别是 $\boldsymbol{R}^n$、$\boldsymbol{R}^m$ 中的开集,$f:U\to\boldsymbol{R}^m$,$g:V\to\boldsymbol{R}^n$ 是向量值函数,$f(U)\subset V$. 如果 f 在 $x_0\in U$ 可微,g 在 $f(x_0)\in V$ 可微,那么向量值函数 $g\circ f:U\to\boldsymbol{R}^n$ 在 x_0 可微,且

$$D(g\circ f)(x_0)=Dg(f(x_0))\circ Df(x_0).$$

证明:只证明定理的第二部分. 对任意的 $v\in\boldsymbol{R}^n$,取 $\boldsymbol{R}^n$ 中的曲线 α,使得 $\alpha(0)=x_0$,$\alpha'(0)=v$,反复利用定理 1.25 得

$$\begin{aligned}D(g\circ f)(x_0)(v)&=D(g\circ f)(x_0)(\alpha'(0))=(g\circ f\circ\alpha)'(0)\\&=Dg(f(x_0))((f\circ\alpha)'(0))\\&=Dg(f(x_0))Df(x_0)(\alpha'(0))\\&=Dg(f(x_0))Df(x_0)(v),\end{aligned}$$

由 v 的任意性知 $D(g\circ f)(x_0)=Dg(f(x_0))Df(x_0)$.

1.2.4　反函数定理

定义 1.16　设 U、V 是 $\boldsymbol{R}^m$ 中的开集,如果映射 $f:U\to V$ 为双射,且 f 和 f^{-1} 都是 C^∞ 的,则称 f 为 C^∞ 同胚(光滑同胚),此时称 U、V 是 C^∞ 同胚的.

定理 1.27(反函数定理)①　设 U 是 $\boldsymbol{R}^n$ 中的一个开集,$f:U\to\boldsymbol{R}^m$ 是 C^∞ 映射,$x_0\in U$. 如果 $Df(x_0)$ 非奇异,则 f 在 x_0 点是局部 C^∞ 同胚,即存在 x_0 的一个开邻域 $W\subset U$,及 $f(x_0)$ 的开邻域 V,使得 $V=f(W)$,且 $f:W\to V$ 为 C^∞ 同胚. 且若 $x\in W$,$y=f(x)$,则 f^{-1} 在 y 点的微分为

$$Df^{-1}(y)=(Df(x))^{-1}.$$

---

① 参见白正国等著:《黎曼几何初步》,北京:高等教育出版社,2004 年版.

注　当 $m=1$ 时，$Df^{-1}(y)=\dfrac{1}{f'(x)}$.

推论 5　设 U 为 $\boldsymbol{R}^m$ 中的开集，$f:U\to\boldsymbol{R}^m$ 为 C^∞ 映射，若 Df 在 U 上处处非奇异，则 f 是开映射.

推论 6　设 U 为 $\boldsymbol{R}^m$ 中的开集，$f:U\to\boldsymbol{R}^m$ 为 C^∞ 映射，则 $f:U\to f(U)$ 为 C^∞ 同胚的充要条件是 f 为单射，且 Df 在 U 上处处非奇异.

证明　必要性是显然的，下面证明其充分性.

由于 $f:U\to f(U)$ 为单射，因此存在逆映射

$$f^{-1}:f(U)\to U.$$

又 Df 在 U 上处处非奇异，由推论 5 知 $f(U)$ 为 $\boldsymbol{R}^m$ 中的开集，又由定理 1.27 知 f^{-1} 在每一点 $y\in f(U)$ 都是 C^∞ 的，从而 f^{-1} 在 $f(U)$ 上是 C^∞ 的.

例 4　证明向量值函数

$$f:\boldsymbol{R}^2\to\boldsymbol{R}^2;(x^1,x^2)\to(e^{x^1}\cos x^2,e^{x^1}\sin x^2)$$

是一个局部 C^∞ 同胚，即 f 在 $\boldsymbol{R}^2$ 上的每一点都是局部 C^∞ 同胚.

证明　显然 f 是 C^∞ 的，又对任意 $(x^1,x^2)\in\boldsymbol{R}^2$，

$$\det(Df(x^1,x^2))=\det\begin{pmatrix}\dfrac{\partial f^1}{\partial x^1} & \dfrac{\partial f^1}{\partial x^2}\\ \dfrac{\partial f^2}{\partial x^1} & \dfrac{\partial f^2}{\partial x^2}\end{pmatrix}$$

$$=\det\begin{pmatrix}e^{x^1}\cos x^2 & -e^{x^1}\sin x^2\\ e^{x^1}\sin x^2 & e^{x^1}\cos x^2\end{pmatrix}=e^{2x^1}\neq 0.$$

所以 f 是一个局部 C^∞ 同胚.

注意上述变换 f 将垂直直线 $x^1=x_0^1$ 映射为 $\boldsymbol{R}^2$ 上以原点为圆心，半径为 $e^{x_0^1}$ 的圆周，将水平直线 $x^2=x_0^2$ 映射为 $\boldsymbol{R}^2$ 上过原点斜率为 $\tan x_0^2$ 的直线.

1.2.5　秩定理

定义 1.17　设 U 是 $\boldsymbol{R}^m$ 的开子集，$f:U\to\boldsymbol{R}^n$ 为 C^∞ 映射，映射 f

的 Jacobi 矩阵在点 $x \in U$ 的秩称为映射 f 在 x 点的秩，若对每个 $x \in W(\subset U)$，f 的秩均为 r，则称 f 在 W 上的秩为 r.

定理 1.28（秩定理）① 设 G、H 分别是 $\boldsymbol{R}^m$，$\boldsymbol{R}^n$ 中的开集，$f: G \to H$ 是 C^∞ 映射，且 f 在 G 上的秩等于 r. 如果点 $x \in G, y = f(x) \in H$，则存在 x, y 的开邻域 $G_0 \subset G, H_0 \subset H$ 及 $\boldsymbol{R}^m$，$\boldsymbol{R}^n$ 中的开集 U、V 和 C^∞ 同胚

$$u: G_0 \to U(\subset \boldsymbol{R}^m), v: H_0 \to V(\subset \boldsymbol{R}^n),$$

使得映射 $v \circ f \circ u^{-1}: U \to V$ 具有下述简单形式

$$v \circ f \circ u^{-1}(x^1, \cdots, x^m) = (x, \cdots, x^r, \underbrace{0, \cdots, 0}_{n-r\text{个}}).$$

注 秩定理告诉我们的是在定理 1.28 的条件下，即 $f: G(\subset \boldsymbol{R}^m) \to H(\subset \boldsymbol{R}^n)$ 在 G 上的秩恒为某个常数 r，则 f 在 G 上每点 x 的附近可通过局部 C^∞ 同胚简单表示为 $\boldsymbol{R}^m$ 中的点在前 r 个坐标构成的 r 维坐标面上的投影.

§1.3 张量代数

本节所要介绍的张量代数是为深入研究微分流形作一些代数上的准备. 张量的概念是 G. Ricci 在 19 世纪末提出来的，Ricci 研究张量的目的是为几何性质和物理规律的表示寻求的一种在坐标变换下不变的形式. 他所研究的张量是如同向量的分量那样的一组数组. 要求他们在坐标变换下服从某种线性变换的规律. 近代的理论已经把张量叙述成向量空间及其对偶空间上的多重线性函数，但是用分量表示张量仍有它的重要性，尤其是涉及张量的计算.

1.3.1 向量空间及其对偶空间

定义 1.18 设 F 是一个域，通常为实数域 $\boldsymbol{R}$ 或复数域 $\boldsymbol{C}$.

---

① 参见白正国等著：《黎曼几何初步》，北京：高等教育出版社，2004 年版.

(1) F 上的一个**向量空间** V 是一个集合，它具有加法和数乘两种运算：

(i) 加法：$V\times V\to V;(X,Y)\mapsto X+Y$，$V$ 关于加法构成一个变换群，其零元记为 0；

(ii) 数乘：$F\times V\to V;(\alpha,X)\to\alpha X$，且对任意 $\alpha,\beta\in F,X,Y\in V$ 有

$$\alpha(X+Y)=\alpha X+\alpha Y,(\alpha+\beta)X=\alpha X+\beta X,$$
$$(\alpha\beta)X=\alpha(\beta X),$$
$$1X=X,0X=0.$$

最后一个等式左侧是数零，右侧是 V 的零元.

向量空间 V 的元素称为**向量**.

(2) 如果向量空间 V 上还有一个乘法计算 $\odot:V\times V\to V;(X,Y)\to X\odot Y$，使得 $(V,+,\odot)$ 成为一个环，且 V 关于数乘和乘法 $\odot$ 满足：对任意 $\alpha\in F,X,Y\in V$ 有

$$(\alpha X)\odot Y=\alpha(X\odot Y)=X\odot(\alpha Y),$$

则称 V 是 F 上的一个**结合代数**，常简称为**代数**. 如果结合代数 $(V,+,$数乘$,\odot)$ 关于乘法 $\odot$ 还是交换的，则称其为 F 上的**交换结合代数**.

定义 1.19　设 V 是域 F 上的向量空间，记

$$V^*=\{\theta\mid\theta:V\to F\text{ 为线性映射}\},$$

在 V^* 中用自然的方式定义加法 $\theta+\omega$ 和数乘 $\alpha\theta$：

$$\begin{cases}(\theta+\omega)(X)=\theta(X)+\omega(X), & X\in V,\\ (\alpha\theta)(X)=\alpha\theta(X), & X\in V,\alpha\in F,\end{cases}$$

则 V^* 成为 F 上的一个向量空量，称为 V 的**对偶空间**.

现在考虑 V^* 上的 n 个向量 $\omega^1,\cdots,\omega^n$，使得

$$\langle\omega^j,e_i\rangle\triangleq\omega^j(e_i)=\delta_i^j,$$

其中 $e_1,\cdots,e_n$ 是向量空间 V 的一组基，δ_i^j 为 Kronecker delta，即

$$\delta_i^j=\begin{cases}1, & i=j,\\ 0, & i\neq j.\end{cases}$$

易见$\omega^1,\cdots,\omega^n$是线性无关的,且对于任一个$\theta\in V^*$有

$$\theta=\sum_{i=1}^{n}\theta(e_i)\omega^i,$$

故$\{\omega^i\}_{1\leqslant i\leqslant n}$是$V^*$的一组基,称为$\{e_i\}$的对偶基,以$V^{**}$表示$V^*$的对偶空间.

定理 1.29 V是V^*的对偶空间.

证明 定义配对为

$$\langle,\rangle:V\times V^*\to F;(X,\omega)\to\langle X,\omega\rangle=\omega(X),$$

易见$\langle,\rangle$对每个自变量具有线性,从而X是V^*到F的一个线性映射,则$V\subset V^{**}$. 另一方面,任意$\varphi\in V^{**}$,令

$$X=\sum_{i=1}^{n}\varphi(\omega^i)e_i,$$

这里$\{e_i\}$为V的一组基,$\{\omega^i\}$为$\{e_i\}$对偶基. 不难看出任意$\omega\in V^*$,

$$\langle X,\omega\rangle=\varphi(\omega),$$

则$X=\varphi$,从而$V\supset V^{**}$,综上$V=V^{**}$.

1.3.2 张量的定义

定义 1.20 设$V_1,V_2,\cdots,V_r$是r个向量空间,若r元函数

$$f:V_1\times V_2\times\cdots\times V_r\to\boldsymbol{R},$$

对于每个自变量都是线性的,即对于任意$u_\alpha,v_\alpha\in V_\alpha(\alpha=1,\cdots,r)$,$\lambda\in\boldsymbol{R}$,

$$f(\cdots,u_\alpha+v_\alpha,\cdots)=f(\cdots,u_\alpha,\cdots)+f(\cdots,v_\alpha,\cdots),$$
$$f(\cdots,\lambda u_\alpha,\cdots)=\lambda f(\cdots,u_\alpha,\cdots),$$

则称f是$V_1\times\cdots\times V_r$上的$r$重线性函数,它的全体记为$\mathscr{L}(V_1,\cdots,V_r;\boldsymbol{R})$.

特别地,$\mathscr{L}(V_1,\boldsymbol{R})=V_1^*$.

定义 1.21 设V是n维向量空间,V^*是它的对偶空间,V上的一

个(r,s)型张量是指$\overbrace{V^*\times\cdots\times V^*}^{r}\times\overbrace{V\times\cdots\times V}^{s}$上的一个$r+s$重线性函数，其中$r$称为**反变阶数**，$s$称为**协变阶数**，全体$V$上的$(r,s)$型张量的集合记为$V_s^r$，即

$$V_s^r=\mathscr{L}(\underbrace{V^*,\cdots,V^*}_{r个},\underbrace{V,\cdots,V}_{s个};\boldsymbol{R}).$$

特别地，$(1,0)$型张量就是V中的元素，称为**一阶反变张量**，即$V_0^1=V=\mathscr{L}(V^*;\boldsymbol{R})$；$(0,1)$型张量就是$V^*$中的元素，称为**一阶协变张量**，即$V_1^0=V^*=\mathscr{L}(V;\boldsymbol{R})$.

现在我们介绍张量的古典定义，它与定义1.21是等价的．先看几个例子．

例1　1阶反变张量，即向量空间V中的元素v.

设$\{\delta_i\}$是V的一组基，则$\forall v\in V$，有

$$v=\sum_{i=1}^{m}v^i\delta_i.$$

下面看v^i在基变换下的变换规律．

又设$\{\bar{\delta}_i\}$是V的另一组基，则

$$v=\sum_{i=1}^{m}\bar{v}^i\bar{\delta}_i.$$

假定$\{\delta_i\}$与$\{\bar{\delta}_i\}$之间有如下关系

$$\bar{\delta}_i=\sum_k a_i^k\delta_k,$$

或

$$\begin{pmatrix}\bar{\delta}_1\\ \vdots\\ \bar{\delta}_m\end{pmatrix}=\begin{pmatrix}a_1^1 & a_1^2 & \cdots & a_1^m\\ a_2^1 & a_2^2 & \cdots & a_2^m\\ \vdots & & & \vdots\\ a_m^1 & a_m^2 & \cdots & a_m^m\end{pmatrix}\begin{pmatrix}\delta_1\\ \vdots\\ \delta_m\end{pmatrix}\triangleq A\begin{pmatrix}\delta_1\\ \vdots\\ \delta_m\end{pmatrix},$$

则

$$\bar{v}^i = \sum_{j=1}^{m} b_j^i v^j,$$

其中(b_j^i)是(a_i^j)的逆矩阵

$$\begin{pmatrix} \bar{v}^1 \\ \vdots \\ \bar{v}^m \end{pmatrix} = \begin{pmatrix} b_1^1 & b_2^1 & \cdots \\ \vdots & & \vdots \\ b_1^m & b_2^m & \cdots \end{pmatrix} \begin{pmatrix} v^1 \\ \vdots \\ v^m \end{pmatrix} \triangleq (A^t)^{-1} \begin{pmatrix} v^1 \\ \vdots \\ v^m \end{pmatrix}.$$

这就是说,向量空间的基作变换

$$\begin{pmatrix} \bar{\delta}_1 \\ \bar{\delta}_2 \\ \vdots \\ \bar{\delta}_m \end{pmatrix} = A \begin{pmatrix} \delta_1 \\ \delta_2 \\ \vdots \\ \delta_m \end{pmatrix},$$

则向量v的分量$\{v^i\}$满足下列变换规律

$$\begin{pmatrix} \bar{v}^1 \\ \bar{v}^2 \\ \vdots \\ \bar{v}^m \end{pmatrix} = (A^t)^{-1} \begin{pmatrix} v^1 \\ v^2 \\ \vdots \\ v^m \end{pmatrix},$$

即V的分量v^i变换矩阵是基变换矩阵转置的逆矩阵,此时,称向量v的分量服从反变变换规律.

例 2　一阶协变张量ω,即向量空间V的对偶空间V^*的元素.

设$\{\delta_i\}$是V的一组基,$\{\delta^i\}$是V^*的基(对偶基),则$\forall \omega \in V^*$,有

$$\omega = \sum_{i=1}^{m} \omega_i \delta^i,$$

又设$\{\bar{\delta}_i\}$是V的另一组基,$\{\bar{\delta}^i\}$是它的对偶基,如果$\bar{\delta}_i = \sum_{j=1}^{m} a_i^j \delta_j$,则$\bar{\delta}^i = \sum_{j=1}^{m} b_j^i \delta^j$. 其中$(b_j^i)$是$(a_i^j)$的逆矩阵,或

$$\begin{pmatrix} \bar{\delta}^1 \\ \bar{\delta}^2 \\ \vdots \\ \bar{\delta}^m \end{pmatrix} = (A)^{-1} \begin{pmatrix} \delta^1 \\ \delta^2 \\ \vdots \\ \delta^m \end{pmatrix}.$$

设 ω 在新基底 $\{\bar{\delta}^i\}$ 下,有

$$\omega = \sum_{i=1}^{m} \bar{\omega}_i \bar{\delta}^i,$$

则

$$\bar{\omega}_i = \sum_{i=1}^{m} a_i^j \omega_j,$$

即当基底变换时,ω 分量的变换矩阵与基底变换矩阵一致,此时 ω 的分量遵循协变变换规律.

例 3　考察 V 上的 $(1,1)$ 型张量,即二重线性函数 $f: V^* \times V \to \boldsymbol{R}$.

设 $\{\delta_i\}$ 是 V 的基,$\{\delta^i\}$ 是其对偶基,对于 $\forall (\omega, v) \in V^* \times V$,则有

$$v = \sum_{i=1}^{m} v^i \delta_i, \omega = \sum_{i=1}^{m} \omega_i \delta^i,$$

$$f(\omega, v) = \sum_{i,j} \omega_i v^j f(\delta^i, \delta_j) \triangleq \sum_{i,j} f_j^i \omega_i v^i,$$

称 $\{f_j^i\}$ 为**张量 f 在基 $\{\boldsymbol{\delta}_i\}$ 下的分量**. 下面考察这 m^2 个数在基变换下的变化规律. 为此,又设 $\{\bar{\delta}_i\}$ 是 V 的另一组基,$\{\bar{\delta}^i\}$ 是其对偶基,则

$$\bar{\delta}_i = \sum_j a_i^j \delta_j, \quad \bar{\delta}^i = \sum_j b_j^i \delta_j,$$

其中 (b_j^i) 是 (a_i^j) 的逆矩阵,于是在基 $\{\bar{\delta}_i\}$ 下,f 的分量

$$\tilde{f}_j^i = f(\bar{\delta}^i, \bar{\delta}_j) = f(\sum_k b_k^i \delta^k, \sum_l a_j^l \delta_l) = \sum_{k,l} b_k^i a_j^l f_l^k,$$

这说明分量 f_j^i 关于上指标遵循反变变换规律,关于下指标遵循协变变换规律.

一般地,设 $\{\delta_i\}$ 是向量空间 V 的一组基,$\{\delta^i\}$ 是 $\{\delta_i\}$ 的对偶基,

即

$$\delta^i(\delta_j) = \delta^i_j = \begin{cases} 1, & i = j, \\ 0, & i \neq j. \end{cases}$$

若f是一个(r,s)型张量,对于

$$\alpha^1,\cdots,\alpha^r \in V^*, v_1,\cdots,v_s \in V,$$

并设

$$\alpha^k = \alpha^k_i \delta^i, 1 \leqslant k \leqslant r,$$

$$v_l = v^i_l \delta_i, 1 \leqslant l \leqslant s.$$

这里我们约定在一个项里,上、下指标相同字母时,则表示在该指标的变化范围内求和(除非另有说明),则

$$\begin{aligned} & f(\alpha^1,\cdots,\alpha^r,v_1,\cdots,v_s) \\ & = \alpha^1_{i_1}\cdots\alpha^r_{i_r} \cdot v^{j_1}_1 v^{j_2}_2 \cdots v^{j_s}_s f(\delta^{i_1},\cdots,\delta^{i_r},\delta_{j_1},\cdots,\delta_{j_s}) \\ & \triangleq f^{i_1,\cdots,i_r}_{j_1,\cdots,j_s} \alpha^1_{i_1}\cdots\alpha^r_{i_r} v^{j_1}_1 \cdots v^{j_s}_s, \end{aligned}$$

其中$f^{i_1\cdots i_r}_{j_1\cdots j_s} = f(\delta^{i_1},\cdots,\delta^{i_r},\delta_{j_1},\cdots,\delta_{j_s})$,它们总共有$m^{r+s}$个,称为张量在$\{\delta_i\}$下的分量. 容易验证,当$V$的基底$\{\delta_i\}$变换时,分量$f^{i_1,\cdots,i_r}_{j_1\cdots j_s}$关于下指标遵从协变变换规律($f$关于下指标的变换规律与基变换规律一致),关于上指标遵从反变变换规律(f关于上指标的变换规律是基变换矩阵的转置逆矩阵),即若$\{\delta_{i'}\}$是V的另一个基底,且

$$\delta_{i'} = \sum_{i=1}^{n} a^i_{i'} \delta_i,$$

则张量f在基$\{\delta_{i'}\}$的分量$\tilde{f}^{i'_1\cdots i'_r}_{j'_1\cdots j'_s}$满足

$$\tilde{f}^{i'_1\cdots i'_r}_{j'_1\cdots j'_s} = b^{i'_1}_{i_1}\cdots b^{i'_r}_{i_r} a^{j_1}_{j'_1}\cdots a^{j_s}_{j'_1}\cdots a^{j_s}_{j'_s} f^{i_1\cdots i_r}_{j_1\cdots j_s},$$

其中$(b^{j'}_i)$是$(a^i_{j'})$的转置的逆矩阵.

反过来,如果对于v的每一个基底$\{\delta_i\}$都指定一个由m^{r+s}个数构成的数组$\{f^{i_1\cdots i_r}_{j_1\cdots j_s}\}$,其中$r$表示上指标的个数,$s$表示下指标的个数,当基底$\{\delta_i\}$按

$$\delta_{i'} = a^i_{i'} \delta_i,$$

时,相应的数组按

$$\tilde{f}^{i'_1\cdots i'_r}_{j'_1\cdots j'_s} = b^{i'_1}_{i_1}\cdots b^{i'_r}_{i_r} a^{j_1}_{j'_1}\cdots a^{j_s}_{j'_s} f^{i_1\cdots i_r}_{j_1\cdots j_s},$$

变换,那么一定存在一个(r,s)型张量f,以$\tilde{f}^{i'_1\cdots i'_r}_{j'_1\cdots j'_s}$为它在基$\{\delta_i\}$下的分量,实际上,令

$$f(\alpha^1,\cdots,\alpha^r,v_1,\cdots v_s) = f^{i_1\cdots i_r}_{j_1\cdots j_s}\alpha^1_{i_1}\cdots\alpha^r_{i_1}v^{j_1}_1\cdots v^{j_s}_s,$$

其中$\alpha^k = \alpha^k_i\delta^i \in V^*, v_l = v^i_l\delta_i \in V$.

Ricci 就是用此变换规律来定义(r,s)型张量.

定义 1.21　设V是m维向量空间,$\{\delta_i\}$是V的一组基,$\{f^{i_1\cdots i_r}_{j_1\cdots j_s}\}$是由$m^{n+s}$个数构成的数组,其中$r$表示上指标个数(**反变阶数**),$s$表示下指标个数(**协变阶数**),当基底按

$$\bar{\delta}_i = \sum_j a^j_i\delta_j,$$

变换时,相应的数组

$$\tilde{f}^{i_1\cdots i_r}_{j_1\cdots j_s} = b^{i_1}_{k_1}\cdot b^{i_2}_{k_2}\cdots b^{i_r}_{k_r}\cdot a^{l_1}_{j_1}a^{l_2}_{j_2}\cdots a^{l_s}_{j_s}f^{k_1\cdots k_r}_{l_1\cdots l_s},$$

其中(b^i_j)是(a^j_i)逆矩阵,则称$\{f^{i_1\cdots i_r}_{j_1\cdots j_s}\}$为$\boldsymbol{(r,s)}$**型张量**.

例 4　向量空间V上的线性变换$f:V\to V$等同于一个$(1,1)$型张量$\tilde{f}:V^*\times V\to \boldsymbol{R}$, $\forall(\alpha,v)\in V^*\times V$,定义

$$\tilde{f}(\alpha,v) = \alpha(f(v)).$$

显然,$\tilde{f}$是$V^*\times V$上的二重线性函数,从而$\tilde{f}$是$(1,1)$型张量.

另外,按照 Ricci 关于张量的定义,也可说明$\tilde{f}$是$(1,1)$型张量.

设$\{\delta_j\}$是V的一组基,$\{\delta^i\}$是$\{\delta_i\}$的对偶基,则

$$\alpha = \sum_{i=1}^m \alpha_i\delta^i, v = \sum_{i=1}^m v^i\delta_i,$$

$$f(v) = \sum_{i=1}^m v^i f(\delta_i),$$

$$\begin{aligned}\alpha(f(v)) &= \sum_{j=1}^m v^j\alpha(f(\delta_i))\\ &= \sum_{i,j}\alpha_i v^j\tilde{f}(\delta^i,\delta_j)\\ &\triangleq \sum_{i,j}\tilde{f}^i_j\alpha_i v^j.\end{aligned}$$

下面考虑一组数$\{\tilde{f}^i_j\}$在基变换下的规律,设$\{\bar{\delta}_i\}$是V的另一组基,$\{\bar{\delta}^i\}$是其对偶基. 若$\bar{\delta}_i = \sum_{j=1}^{m} a^j_i \delta_j$,则

$$\bar{\delta}^i = \sum_{j=1}^{m} b^i_j \delta^j.$$

其中(b^i_j)是(a^j_i)逆矩阵. 于是

$$\begin{aligned}\tilde{f}'^i_j &= \tilde{f}(\bar{\delta}^i, \bar{\delta}_j) \\ &= \tilde{f}(\sum_k b^i_k \delta^k, \sum_v a^l_j \delta_l) \\ &= \sum_{k,l} b^i_k a^l_j \tilde{f}(\delta^k, \delta_l) \\ &= \sum_{k,l} b^i_k a^l_j \tilde{f}^k_l.\end{aligned}$$

这说明分量$\tilde{f}^i_j$关于上指标遵循反变变换规律(变换矩阵是基变换矩阵转置的逆矩阵),关于下指标遵循协变变换规律(变换矩阵是基变换矩阵),按照Ricci关于张量的定义$\{\tilde{f}^i_j\}$是(1,1)型张量,它是由线性变换f确定

$$\tilde{f}^i_j = \delta^i(f(\delta_j)).$$

1.3.3 张量积运算

设V是m维向量空间,V上的所有(r,s)型张量构成的集合记为V^r_s,即

$$V^r_s = \mathscr{L}(V^* \times \cdots \times V^* \times V \times \cdots \times V; \mathbf{R}),$$

对于不同类型的两个张量,可定义这两个张量的张量积.

定义1.22 (r_1, s_1)型张量f与(r_2, s_2)型张量g的张量积,记为$f \otimes g$是一个$(r_1 + r_2, s_1 + s_2)$型张量,其定义

$$\begin{aligned}&(f \otimes g)(\alpha^1, \cdots, \alpha^{r_1}, \alpha^{r_1+1}, \cdots, \alpha^{r_1+r_2}, v_1, \cdots, v_{s_1+s_2}) \\ &\triangleq f(\alpha^1, \cdots, \alpha^{r_1}, v_1, \cdots, v_{s_1}) \cdot g(\alpha^{r_1+1}, \cdots, \alpha^{r_1+r_2}, \\ &\quad v_{s_1+1}, \cdots, v_{s_1+s_2}).\end{aligned} \tag{1}$$

其中 $\alpha^1,\cdots,\alpha^{r_1+r_2}\in V^*,v_1,\cdots,v_{s_1+s_2}\in V.$

注　$f\otimes g$ 一定是 $\overbrace{V^*\times\cdots\times V^*}^{r_1+r_2}\times\overbrace{V\times\cdots\times V}^{s_1+s_2}\to\boldsymbol{R}$ 的 (r_1+r_2,s_1+s_2) 重线性函数.

特例

(1) $\alpha,\beta\in V^*$,即 α,β 是 $(0,1)$ 型(1阶协变张量),则 $\alpha\otimes\beta$ 是二阶协变张量,其定义

$$(\alpha\otimes\beta)(v_1,v_2)=\alpha(v_1)\cdot\beta(v_2),v_1,v_2\in V.$$

(2) $v\in V,\alpha\in V^*$,则 $v\otimes\alpha$ 是一个 $(1,1)$ 型张量

$$v\otimes\alpha(\omega^1,v_1)=\omega^1(v)\cdot\alpha(v_1).$$

张量的张量积有以下的运算律,其证明留作习题.

(i) 分配律 $f_1,f_2\in V_{s_1}^{r_1},g\in V_{s_2}^{r_2}$

$$(f_1+f_2)\otimes g=f_1\otimes g+f_2\otimes g.$$

(ii) 结合律

$$(\alpha\otimes\beta)\otimes\gamma=\alpha\otimes(\beta\otimes\gamma)\triangleq\alpha\otimes\beta\otimes\gamma.$$

现在取定 V 的一组基底 $\{\delta_i\}$,$\{\delta^i\}$ 是其对偶基,于是借助于张量积运算可构造 (r,s) 型张量

$$\delta_{i_1}\otimes\delta_{i_2}\otimes\cdots\otimes\delta_{ir}\otimes\delta^{j_1}\otimes\cdots\otimes\delta^{j_s},$$

其定义

$$\begin{aligned}&\delta_{i_1}\otimes\cdots\otimes\delta_{ir}\otimes\delta^{j_1}\otimes\cdots\otimes\delta^{j_s}(\alpha^1,\cdots,\alpha^r,v_1,\cdots,v_s)\\&=\alpha^1(\delta_{i_1})\cdots\alpha^r(\delta_{i_r})\cdot\delta^{j_1}(v_1)\cdots\delta^{j_s}(v_s)\\&=\alpha_{i_1}^1\cdots\alpha_{i_r}^r\cdot v_1^{j_1}\cdots v_s^{j_s}.\end{aligned}$$

其中 $\alpha^k=\sum\limits_{i_k=1}^m\alpha_{i_k}^k\delta^{i_k},v_l=\sum\limits_{j_l=1}^m v_l^{j_l}\delta_{j_l}$. 于是对于任意 $f\in V_s^r$,

$$f(\alpha^1,\cdots,\alpha^r,v_1,\cdots,v_s)=f_{j_1\cdots j_s}^{i_1\cdots i_r}\alpha_{i_1}^1\cdots\alpha_{i_r}^r\cdot v_1^{j_1}\cdots v_s^{j_s}$$

$$=f_{j_1\cdots j_s}^{i_1\cdots i_r}\delta_{i_1}\otimes\delta_{i_2}\otimes\delta_{i_r}\otimes\delta^{j_1}\otimes\cdots\otimes\delta^{j_s}(\alpha^1,\cdots,\alpha^r,v_1,\cdots,v_S),$$

从而

$$f=f_{j_1\cdots j_s}^{i_1\cdots i_r}\delta_{i_1}\otimes\cdots\otimes\delta_{i_r}\otimes\delta^{j_1}\otimes\cdots\otimes\delta^{j_s},$$

其中

$$f^{i_1\cdots i_r}_{j_1\cdots j_s}=f(\delta^{i_1}\cdots,\delta^{i_r},\delta_{j_1},\cdots,\delta_{j_s}).$$

定理 1.30 在向量空间中取定基$\{\delta_i\}$，在对偶空间 V^* 中取对偶基底$\{\delta^i\}$，则

$\{\delta_{i_1}\otimes\delta_{i_2}\otimes\cdots\otimes\delta_{i_r}\otimes\delta^{j_1}\otimes\cdots\otimes\delta^{j_s}\mid 1\leqslant i_1,\cdots,i_r,j_1,\cdots,j_s\leqslant m\}$，

给出 m^{r+s} 个(r,s)型张量，构成空间 V^r_s 基底，因此 $\dim V^r_s=m^{r+s}$.

证明 只要证$\delta_{i_1}\otimes\cdots\otimes\delta_{i_r}\otimes\delta^{j_1}\otimes\cdots\otimes\delta^{j_s}$线性无关，设有线性组合为零，即

$$f^{i_1\cdots i_r}_{j_1\cdots j_s}\delta_{i_1}\otimes\cdots\otimes\delta_{i_r}\otimes\delta^{j_1}\otimes\cdots\otimes\delta^{j_s}=0,$$

两边用$(\delta^{k_1},\cdots,\delta^{k_r},\delta_{l_1},\cdots,\delta_{l_s})$作用，注意

$$\delta^k(\delta_l)=\delta^k_l=\begin{cases}1 & k=l,\\ 0 & k\neq l.\end{cases}$$

得$f^{k_1\cdots k_r}_{l_1\cdots l_s}=0$. 故$\delta_{i_1}\otimes\cdots\otimes\delta_{i_r}\otimes\delta^{j_1}\otimes\cdots\otimes\delta^{j_s}$线性无关.

定义 1.23 设V,W是两个向量空间，由形如张量积$v\otimes\omega(v\in V,\omega\in W)$的元素生成的向量空间称为$V$和$W$的**张量积空间**，记为$V\otimes W$.

定理 1.31 设V,W分别是m维，n维向量空间，则它们的张量积空间$V\otimes W$是mn维向量空间.

证明 在V和W中分别取基$\{\delta_i:1\leqslant i\leqslant m\}$和$\{e_\alpha:1\leqslant\alpha\leqslant n\}$，若$\xi\in V,\eta\in W$，则$\xi,\eta$分别表示为

$$\xi=\sum_{i=1}^m\xi^i\delta_i,\eta=\sum_{\alpha=1}^n\eta^\alpha e_\alpha.$$

从而$\xi\otimes\eta=\sum_{i=1}^m\sum_{\alpha=1}^n\xi^i\eta^\alpha\delta_i\otimes e_\alpha$，由于$V\otimes W$的元素都是形如$\xi\otimes\eta(\xi\in V,\eta\in W)$的元素所生成，因此，$V\otimes W$中的任一个元素$\xi\otimes\eta$能表示为$m\cdot n$个元素$\delta_i\otimes e_\alpha,1\leqslant i\leqslant m,1\leqslant\alpha\leqslant n$的线性组合.

下面说明$\{\delta_i\otimes e_\alpha\mid 1\leqslant i\leqslant m,1\leqslant\alpha\leqslant n\}$是线性无关的，设

$$\sum_{i=1}^m\sum_{\alpha=1}^n a^{i\alpha}\delta_i\otimes e_\alpha=0,$$

两边用(δ^j, e^β)作用,则

$$\begin{aligned}0 &= \sum_{i=1}^{m}\sum_{\alpha=1}^{n} a^{i\alpha}\delta_i \otimes e_\alpha(\delta^j, e^\beta)\\ &= \sum_{i=1}^{m}\sum_{\alpha=1}^{n} a^{i\alpha}\delta^j(\delta_i)\cdot e^\beta(e_\alpha)\\ &= a^{j\beta}.\end{aligned}$$

其中$\{\delta^i\}$,$\{e^\alpha\}$分别是$\{\delta_i\}$,$\{e_\alpha\}$的对偶基,从而$\{\delta_i \otimes e_\alpha\}$是线性无关的,于是$\{\delta_i \otimes e_\alpha\}$是$V \otimes W$的一组基.

一般地,向量空间V上的(r,s)型张量构成的空间V_s^r可以看成张量积空间

$$\underbrace{V \otimes \cdots \otimes V}_{r} \otimes \underbrace{V^* \otimes \cdots \otimes V^*}_{s}.$$

任一个(r,s)型张量f可表示为

$$f = \sum f_{j_1\cdots j_s}^{i_1\cdots i_r}\delta_{i_1} \otimes \cdots \otimes \delta_{i_r} \otimes \delta^{j_1} \otimes \cdots \otimes \delta^{j_s}.$$

其中$\{\delta_i\}$是V的基,$\{\delta^i\}$是其对偶基,$f_{j_1\cdots j_s}^{i_1\cdots i_r}$称为**张量$f$关于基$e_i$的分量**.

定理 1.32　设$\{e_i\}$,$\{\bar{e}_i\}$为n维向量空间V的两组基,$\bar{e}_i = \sum_j a_i^j e_j$,则两组量$\{\phi_{l_1\cdots l_s}^{k_1\cdots k_r}\}$和$\{\bar{\phi}_{j_1\cdots j_s}^{i_1\cdots i_r}\}$为同一个张量$\phi \in V_s^r$的对应分量的充要条件是它们满足关系式

$$\bar{\phi}_{j_1\cdots j_s}^{i_1\cdots i_r} = \sum_{\substack{k_1,\cdots,k_r\\ l_1,\cdots,l_s}} b_{k_1}^{i_1}\cdots b_{k_r}^{i_r} a_{j_1}^{l_1}\cdots a_{j_s}^{l_s}\phi_{l_1\cdots l_s}^{k_1\cdots k_r},$$

其中$(b_i^j) = (a_i^j)^{-1}$.

定理 1.33　设$\phi \in V_{s_1}^{r_1}$,$\psi \in V_{s_2}^{r_2}$,$\{e_i\}$为V的一组基,则$\phi \otimes \psi$关于$\{e_i\}$的分量为ϕ和ψ关于$\{e_i\}$分量的乘积,即

$$(\phi \otimes \psi)_{j_1\cdots j_{s_1+s_2}}^{i_1\cdots i_{r_1+r_2}} = \phi_{j_1\cdots j_{s_1}}^{i_1\cdots i_{r_1}}\,,\psi_{j_{s_1+1}\cdots j_{s_1+s_2}}^{i_{r_1+1}\cdots i_{r_1+r_2}}.$$

定义 1.24　设$\{e_i\}$为n维向量空间V的一个基,$\{\omega^i\}$为其对偶基,

$$T = X_1 \otimes \cdots \otimes X_r \otimes \theta^1 \otimes \cdots \otimes \theta^s \in V_s^r.$$

固定的指标(i,j)定义

$$C_{(i,j)}T = \langle X_i, \theta^j \rangle X_1 \otimes \cdots \otimes \overset{\wedge}{X_i} \otimes \cdots \otimes X_r \otimes \theta^1 \otimes \cdots \otimes \overset{\wedge}{\theta^j} \otimes \cdots \otimes \theta^s,$$

其中“$\wedge$”表示去掉该因子,对于一般的(r,s)型张量$\phi \in V_s^r$,我们将算子$C_{(i,j)}$线性扩张后作用到ϕ上,就得到一个$(r-1,s-1)$型张量$C_{(i,j)}\phi \in V_{s-1}^{r-1}$,具体表示为(采用 Einstein 和式约定)

$$\begin{aligned}
C_{(i,j)}\phi &= C_{(i,j)}\phi_{k_1\cdots k_s}^{h_1\cdots h_r} e_{h_1} \otimes \cdots \otimes e_{h_r} \otimes \omega^{k_1} \otimes \cdots \otimes \omega^{k_s} \\
&= \phi_{k_1\cdots k_s}^{h_1\cdots h_r} C_{(i,j)}(e_{h_1} \otimes \cdots \otimes e_{h_r} \otimes \omega^{k_1} \otimes \cdots \otimes \omega^{k_s}) \\
&\phi_{k_1\cdots k_s}^{h_1\cdots h_r} \langle e_{h_i}, \omega^{k_j} \rangle e_{h_1} \otimes \cdots \otimes \hat{e}_{h_i} \otimes \cdots \otimes e_{h_r} \otimes \omega^{k_1} \otimes \\
&\cdots \otimes \overset{\wedge}{\omega}^{k_j} \otimes \cdots \otimes \omega^{k_s} \\
&= \phi_{k_1\cdots k_{j-1} l k_{j+1}\cdots k_s}^{h_1\cdots h_{i-1} l h_{i+1}\cdots h_r} e_{h_1} \otimes \cdots \otimes \hat{e}_{h_i} \otimes \cdots \otimes e_{h_r} \otimes \omega^{k_1} \otimes \\
&\cdots \otimes \overset{\wedge}{\omega}^{k_j} \otimes \cdots \otimes \omega^{k_s},
\end{aligned}$$

我们称运算$C_{(i,j)}: V_s^r \to V_{s-1}^{r-1}$为张量的缩并.

定义 1.25 作域F上所有向量空间V_s^r的直和

$$\mathscr{T}(V) = \bigoplus_{r,s=0}^{\infty} V_s^r,$$

其中的元素形如$\sum\limits_{r,s=0}^{\infty} X_s^r, X_s^r \in V_s^r$,和式中仅含有限个非零项,则$\mathscr{T}(V)$为$F$上的无限维向量空间. 利用张量的乘法$\otimes$,$\mathscr{T}(V)$为域$F$上的一个结合代数,它称为 **$V$ 上的张量代数**.

注 令$V^r = V_0^r, V_r = V_r^0, V_0 = V^0 = F$.

易见

$$\mathscr{T}^{\mathrm{I}}(V) = \bigoplus_{r=0}^{\infty} V^r, \mathscr{T}^{\mathrm{II}}(V) = \bigoplus_{r=0}^{\infty} V_r$$

是$\mathscr{T}(V)$的两个子代数.

1.3.4　对称和反对称协变张量

这一部分我们研究 $V_r = \underbrace{V^* \otimes \cdots \otimes V^*}_{r个}$ 中两类特殊张量.

定义 1.26　设 $\phi \in V_r$,若对任意 $X_1, \cdots, X_r \in V$,都有

$$\phi(X_1, \cdots, X_a, \cdots, X_b, \cdots, X_r) = \phi(X_1, \cdots, X_b, \cdots, X_a, \cdots, X_r),$$
$$(1 \leqslant a, b \leqslant r),$$

称 r 阶共变张量 ϕ 是对称的;而若

$$\phi(X_1, \cdots, X_a, \cdots, X_b, \cdots, X_r) = -\phi(X_1, \cdots, X_b, \cdots, X_a, \cdots, X_r),$$
$$(1 \leqslant a, b \leqslant r),$$

则称 ϕ 是反对称的.

注　(1) 设 $\phi \in V_r$,则 ϕ 为对称张量(反对称张量)的充要条件是它的分量关于各指标是对称(反对称)的.

(2) 记

$$\odot^r(V^*) = \{\phi \in V_r \mid \phi \text{ 是对称的}\},$$
$$\wedge^r(V^*) = \{\phi \in V_r \mid \phi \text{ 是反对称的}\},$$

则 $\odot^r(V^*)$ 和 $\wedge^r(V^*)$ 为 V_r 的子空间.

(3) 以 $\varphi(r)$ 表示 r 次对称群,以 $\mathrm{sgn}\sigma$ 表示置换 $\sigma \in \varphi(r)$ 的符号数,即

$$\mathrm{sgn}\sigma = \begin{cases} 1, & \sigma \text{ 为偶置换}; \\ -1, & \sigma \text{ 为奇置换}. \end{cases}$$

则

(i) $\sigma \mapsto \mathrm{sgn}\sigma$ 是 $\varphi(r)$ 到由两个元素 $\{1, -1\}$ 构成的乘法群的同态.

(ii) 任意 $\sigma \in \varphi(r)$,确定了 V_r 的一个自同态(仍记为 σ) $\sigma: V_r \to V_r$,其定义为对任意 $\phi \in V_r$ 及 $X_1, \cdots, X_r \in V$,

$$\sigma\phi(X_1, \cdots, X_r) = \phi(X_{\sigma(1)}, \cdots, X_{\sigma(r)}),$$

从而

$$\phi \text{对称} \Leftrightarrow \forall \sigma \in \varphi(r), \sigma\phi = \phi;$$

$$\phi \text{反对称} \Leftrightarrow \forall \sigma \in \varphi(r), \sigma\phi = \mathrm{sgn}\sigma \cdot \phi.$$

定义 1.27 在 V_r 上定义线性变换 S_r, A_r 分别为

$$S_r(\phi) = \frac{1}{r!}\sum_{\sigma \in \varphi(r)} \sigma\phi,$$

$$A_r(\phi) = \frac{1}{r!}\sum_{\sigma \in \varphi(r)} (\mathrm{sgn}\sigma)\sigma\phi,$$

称 S_r 和 A_r 分别为对称化算子和反对称化算子.

例 5 设 ϕ 是 2 阶协变张量,即 $\phi \in V_2$,则

$$S_r(\phi)(X_1, X_2) = \frac{1}{2}[\phi(X_1, X_2) + \phi(X_2, X_1)],$$

易见

$$S_r(\phi)(X_1, X_2) = S_r(\phi)(X_2, X_1),$$

从而 $S_r(\phi)$ 是 2 阶对称的协变张量,同理

$$A_r(\phi)(X_1, X_2) = \frac{1}{2}[\phi(X_1, X_2) - \phi(X_2, X_1)],$$

故 $A_r(\phi)$ 是 2 阶反称的协变张量.

定理 1.34 设 $\phi \in V_r$,则

(1) $S_r(\phi) \in \odot^r(V^*)$, $A_r(\phi) \in \wedge^r(V^*)$.

(2) 若 $\phi \in \odot^r(V^*)$,则 $S_r(\phi) = \phi$;

若 $\phi \in \wedge^r(V^*)$,则 $A_r(\phi) = \phi$.

证明(1) 以 S_r 为例,任意 $\sigma \in \varphi(r)$,

$$\sigma(S_r(\phi)) = \sigma\left(\frac{1}{r!}\sum_{\tau \in \varphi(r)} \tau\phi\right) = \frac{1}{r!}\sum_{\tau \in \varphi(r)} \sigma \circ \tau(\phi)$$

$$= \frac{1}{r!}\sum_{\sigma \in \varphi(r)} \sigma\phi = S_r(\phi).$$

(2) 以 A_r 为例,设 $\phi \in \wedge^r(V^*)$,

$$A_r(\phi) = \frac{1}{r!}\sum_{\sigma \in \varphi(r)} \mathrm{sgn}\sigma \cdot \sigma\phi = \frac{1}{r!}\sum_{\sigma \in \varphi(r)} sgn\sigma \cdot sgn\sigma \cdot \phi$$

$$= \frac{1}{r!}\sum_{\sigma\in\varphi(r)}\phi = \phi.$$

推论　(1) $S_r^2 = S_r, A_r^2 = A_r$;

(2) $S_r(V_r) = \odot^r(V^*), A_r(V_r) = \wedge^r(V^*)$;

(3) $\phi(\in V_r)$ $\begin{matrix}\text{对称}\\ \text{反对称}\end{matrix} \Leftrightarrow \begin{matrix} S_r(\phi) = \phi \\ A_r(\phi) = \phi \end{matrix}$.

定理 1.35　设 $f: V \to W$ 是两个向量空间之间的线性映射，$\psi \in W_r, X_1, \cdots, X_r \in V$. 定义 $f^*\psi \in V_r$ 使得

$$(f^*\psi)(X_1, \cdots, X_r) = \psi(f(X_1), \cdots, f(X_r)),$$

由此可以得到一个线性映射 $f^*: W_r \to V_r$，称为 $f: V \to W$ 的拉回映射. 关于 f^* 有

$$S_r \circ f^* = f^* \circ S_r, A_r \circ f^* = f^* \circ A_r.$$

证明　以 A_r 为例

$$\begin{aligned}
& f^* \circ A_r(\psi)(X_1, \cdots, X_r) \\
&= A_r(\psi)(f(X_1), \cdots, f(X_r)) \\
&= \frac{1}{r!}\sum_{\sigma\in\varphi(r)} \mathrm{sgn}\sigma \cdot \sigma\psi(f(X_1), \cdots, f(X_r)) \\
&= \frac{1}{r!}\sum_{\sigma\in\varphi(r)} \mathrm{sgn}\sigma \cdot \psi(f(X_{\sigma(1)}), \cdots, f(X_{\sigma(r)})) \\
&= \frac{1}{r!}\sum_{\sigma\in\varphi(r)} \mathrm{sgn}\sigma \cdot (f^*\psi)(X_{\sigma(1)}, \cdots, X_{\sigma(r)}) \\
&= \frac{1}{r!}\sum_{\sigma\in\varphi(r)} \mathrm{sgn}\sigma \cdot \sigma(f^*\psi)(X_1, \cdots, X_r) \\
&= A_r \circ f^*(\psi)(X_1, \cdots, X_r).
\end{aligned}$$

§1.4　外代数

我们已经定义了 r 阶反对称协变张量空间

$$\wedge^r(V^*) = A_r(V_r), r \geqslant 2,$$

为方便起见,将反称化算子 A_r 简写为 A,再约定

$$\wedge^1(V^*) = V^*,\ \wedge^0(V^*) = F.$$

1.4.1 外积

定义 1.28 设 $\phi \in \wedge^r(V^*)$,$\psi \in \wedge^s(V^*)$,映射 $\wedge: \wedge^r(V^*) \times \wedge^s(V^*) \to \wedge^{r+s}(V^*)$ 定义为

$$\phi \wedge \psi = \frac{(r+s)!}{r!s!}A(\phi \otimes \psi),$$

$\wedge$ 称为**外乘**,$\phi \wedge \psi$ 称为 ϕ 和 ψ 的**外积**.

注 r 阶反对称协变张量 ϕ 与 s 阶反对称协变张量 ψ 的外积 $\phi \wedge \psi$ 是一个 $r+s$ 阶反对称协变张量. 对于任意的 $X_1, X_2, \cdots, X_{r+s} \in V$,有

$$\begin{aligned}(\phi \wedge \psi)(X_1, \cdots, X_{r+s}) &= \frac{(r+s)!}{r!s!}A(\phi \otimes \psi)(X_1, \cdots, X_{r+s}) \\ &= \frac{1}{r!s!}\sum_{\sigma \in \varphi(r+s)} (\mathrm{sgn}\sigma) \cdot \phi(X_{\sigma(1)}, \cdots, \\ &\quad X_{\sigma(r)}) \cdot \psi(X_{\sigma(r+1)}, \cdots, X_{\sigma(r+s)}).\end{aligned}$$

例 1 设 $\omega, \theta \in \wedge^1(V^*) = V^*$,$X_1, X_2 \in V$.

$$(\omega \wedge \theta)(X_1, X_2) = \omega(X_1)\theta(X_2) - \omega(X_2)\theta(X_1),$$

特别地,$\omega \wedge \omega = 0$.

例 2 设 $\omega \in \wedge^1 V^* = V^*$,$\theta \in \wedge^2 V^*$(2 阶反称的协变张量),则

$$(\omega \wedge \theta)(X_1, X_2, X_3) = \frac{1}{2!}\sum_{\sigma \in \varphi(3)} \mathrm{sgn}\sigma \cdot \omega(X_{\sigma(1)}) \cdot \theta(X_{\sigma(2)}, X_{\sigma(3)}).$$

由于(1,2,3) 构成的置换有 3! = 6 个.

$$\begin{pmatrix}1 & 2 & 3\\1 & 2 & 3\end{pmatrix};\begin{pmatrix}1 & 2 & 3\\2 & 3 & 1\end{pmatrix};\begin{pmatrix}1 & 2 & 3\\3 & 1 & 2\end{pmatrix};$$

$$\mathrm{sgn}\sigma_1 = 1 \quad \mathrm{sgn}\sigma_2 = 1 \quad \mathrm{sgn}\sigma_3 = 1$$

$$\begin{pmatrix}1 & 2 & 3\\1 & 3 & 2\end{pmatrix};\begin{pmatrix}1 & 2 & 3\\3 & 2 & 1\end{pmatrix};\begin{pmatrix}1 & 2 & 3\\2 & 1 & 3\end{pmatrix}.$$

$$\mathrm{sgn}\sigma_4 = -1 \quad \mathrm{sgn}\sigma_5 = -1 \quad \mathrm{sgn}\sigma_6 = -1$$

从而

$(\omega \wedge \theta)(X_1, X_2, X_3) = \omega(X_1)\theta(X_2, X_3) + \omega(X_3)\theta(X_1, X_2) - \omega(X_2)\theta(X_1, X_3)$.

引理 1.1　设 $\phi \in V_r, \psi \in V_s, \eta \in V_t$，则

$$A(\phi \otimes A(\psi \otimes \eta)) = A(\phi \otimes \psi \otimes \eta).$$

定理 1.36　外乘 $\wedge$ 满足

(1) 分配律 $(\alpha\phi_1 + \beta\phi_2) \wedge \psi = \alpha\phi_1 \wedge \psi + \beta\phi_2 \wedge \psi$,

$$\phi \wedge (\alpha\psi_1 + \beta\psi_2) = \alpha\phi \wedge \psi_1 + \beta\phi \wedge \psi_2,$$

$\phi、\phi_1、\phi_2 \in \wedge^r(V^*), \psi、\psi_1、\psi_2 \in \wedge^s(V^*), \alpha、\beta \in F$.

(2) 反交换律 $\phi \wedge \psi = (-1)^{rs}\psi \wedge \phi, \phi \in \wedge^r(V^*), \psi \in \wedge^s(V^*)$.

(3) 结合律 $(\phi \wedge \psi) \wedge \eta = \phi \wedge (\psi \wedge \eta)$,

$$\phi \in \wedge^r(V^*), \psi \in \wedge^s(V^*), \eta \in \wedge^t(V^*).$$

证明　(3)
$$\begin{aligned}\phi \wedge (\psi \wedge \eta) &= \frac{(r+s+t)!}{r!(s+t)!}A(\phi \otimes (\psi \wedge \eta)) \\ &= \frac{(r+s+t)!}{r!s!t!}A(\phi \otimes A(\psi \otimes \eta)) \\ &= \frac{(r+s+t)!}{r!s!t!}A(\phi \otimes \psi \otimes \eta).\end{aligned}$$

同理

$$(\phi \wedge \psi) \wedge \eta = \frac{(r+s+t)!}{r!s!t!}A(\phi \otimes \psi \otimes \eta),$$

所以

$$\phi \wedge (\psi \wedge \eta) = (\phi \wedge \psi) \wedge \eta.$$

推论 1　设 $\omega, \theta \in \wedge^1(V^*)$，则 $\omega \wedge \theta = -\theta \wedge \omega$，特别地，$\omega \wedge \omega = 0$，对任意 $\omega \in \wedge^1(V^*)$ 成立.

推论 2　设 $\theta^1, \cdots, \theta^r \in \wedge^1(V^*)$，则

$$\theta^1 \wedge \cdots \wedge \theta^r = r!A(\theta^1 \otimes \cdots \otimes \theta^r).$$

推论 3 设$\theta^1,\cdots,\theta^r\in\Lambda^1(V^*)$,$X_1,\cdots,X_r\in V$,则

$$\theta^1\wedge\cdots\wedge\theta^r(X_1,\cdots,X_r)$$
$$=\det\begin{pmatrix}\theta^1(X_1) & \cdots & \theta^1(X_r)\\ \vdots & & \vdots\\ \theta^r(X_1) & \cdots & \theta^r(X_r)\end{pmatrix}.$$

证明 $\theta^1\wedge\cdots\wedge\theta^r(X_1,\cdots,X_r)$

$$=r!A(\theta^1\otimes\cdots\otimes\theta^r)(X_1,\cdots,X_r)$$
$$=\sum_{\sigma\in\varphi(r)}\mathrm{sgn}\sigma\cdot\theta^1\otimes\cdots\otimes\theta^r(X_{\sigma(1)},\cdots,X_{\sigma(r)})$$
$$=\sum_{\sigma\in\varphi(r)}\mathrm{sgn}\sigma\cdot\theta^1(X_{\sigma(1)})\cdots\theta^r(X_{\sigma(r)})$$
$$=\det\begin{pmatrix}\theta^1(X_1) & \cdots & \theta^1(X_r)\\ \vdots & & \vdots\\ \theta^r(X^1) & \cdots & \theta^r(X_r)\end{pmatrix}.$$

推论 4 设$\theta^1,\cdots,\theta^r\in\Lambda^1(V^*)$,$1\leqslant i,j\leqslant r$,则

$$\theta^1\wedge\cdots\wedge\theta^i\wedge\cdots\wedge\theta^j\wedge\cdots\wedge\theta^r$$
$$=-\theta^1\wedge\cdots\wedge\theta^j\wedge\cdots\wedge\theta^i\wedge\cdots\wedge\theta^r.$$

1.4.2 外代数

定理 1.37 设$\{\omega^1,\cdots,\omega^n\}$为$V^*$的一组基,则

(1) 若$r>n$,则$\Lambda^r(V^*)=\{0\}$;

(2) 若$n\geqslant r>0$,则$\{\omega^{i_1}\wedge\cdots\wedge\omega^{i_r}\mid 1\leqslant i_1<\cdots<i_r\leqslant n\}$为$\Lambda^r(V^*)$的一组基,从而$\dim\Lambda^r(V^*)=C_n^r$.

证明 (1) 设$r>n$,$\phi\in\Lambda^r(V^*)$,易见ϕ分量的r个下指标中必有两个相同,又ϕ反对称,所以ϕ的分量皆为0,即$\phi=0$. 由ϕ的任意性知$\Lambda^r(V^*)=\{0\}$.

(2) 先证$\{\omega^{i_1}\wedge\cdots\wedge\omega^{i_r}\mid 1\leqslant i_1<\cdots<i_r\leqslant n\}$线性无关. 设

$$\sum_{1\leqslant i_1<\cdots<i_r\leqslant n}a_{i_1\cdots i_r}\omega^{i_1}\wedge\cdots\wedge\omega^{i_r}=0,\qquad(*)$$

下面证每个 $a_{i_1\cdots i_r}=0$，这里以 $a_{1\cdots r}$ 为例，其余可类似证明．用 $\omega^{r+1}\wedge\cdots\wedge\omega^n$ 外乘（$*$）式两端得

$$a_{1\cdots r}\omega^1\wedge\cdots\wedge\omega^n=0.$$

上式两端作用于 $(e_1,\cdots,e_n)$（这里 $\{e_1,\cdots,e_n\}$ 为 $\{\omega^1,\cdots,\omega^n\}$ 的对偶基）得

$$\begin{aligned}0&=a_{1\cdots r}\omega^1\wedge\cdots\wedge\omega^n(e_1,\cdots,e_n)\\&=a_{1\cdots r}\det\begin{pmatrix}\omega^1(e_1)&\cdots&\omega^1(e_n)\\\vdots&&\vdots\\\omega^n(e_1)&\cdots&\omega^n(e_n)\end{pmatrix}\\&=a_{1\cdots r}.\end{aligned}$$

下面证明任意 $\phi\in\wedge^r(V^*)$，ϕ 可由 $\{\omega^{i_1}\wedge\cdots\wedge\omega^{i_r}\mid 1\leqslant i_1<i_r\leqslant n\}$ 线性表示，设 $\phi=\sum\limits_{i_1,\cdots,i_r}\phi_{i_1\cdots i_r}\omega^{i_1}\otimes\cdots\otimes\omega^{i_r}$，由 ϕ 反对称知

$$\begin{aligned}\phi=A(\phi)&=\sum_{i_1,\cdots,i_r}\phi_{i_1\cdots i_r}A(\omega^{i_1}\otimes\cdots\otimes\omega^{i_r})\\&=\frac{1}{r!}\sum_{i_1,\cdots,i_r}\phi_{i_1\cdots i_r}\omega^{i_1}\wedge\cdots\wedge\omega^{i_r}\\&=\sum_{1\leqslant i_1<\cdots<i_r\leqslant n}\phi_{i_1\cdots i_r}\omega^{i_1}\wedge\cdots\wedge\omega^{i_r}.\end{aligned}$$

推论　设 $\theta^1,\cdots,\theta^r\in V^*$，则 $\theta^1,\cdots,\theta^r$ 线性相关的充要条件是

$$\theta^1\wedge\cdots\wedge\theta^r=0.$$

定理 1.38　设 V 为 n 维向量空间，V^* 为 V 的对偶空间，$\{\omega^1,\cdots,\omega^n\}$ 为 V^* 的一个基，令

$$\wedge(V^*)=\bigoplus_{r=0}^{n}\wedge^r(V^*),$$

则 $\wedge(V^*)$ 为 2^n 维向量空间，且 $\wedge(V^*)$ 关于外乘 $\wedge$ 构成域 F 上的一个结合代数，称为 V^* 上的**外代数**或 **Grassmann 代数**．易见 $\{1,\omega^i(1\leqslant i\leqslant n),\omega^{i_1}\wedge\omega^{i_2}(1\leqslant i_1<i_2\leqslant n),\cdots,\omega^1\wedge\cdots\wedge\omega^n)\}$ 为 $\wedge(V^*)$ 的一个基．

1.4.3 几个重要定理

定理1.39(Cartan引理) 设$\omega^i,\theta^j\in V^*,i,j=1,\cdots,r\quad(r\leqslant n\leqslant\dim V^*)$,且$\{\omega^1,\cdots,\omega^r\}$线性无关,则

$$\sum_{i=1}^{r}\omega^i\wedge\theta^i=0$$

成立的充要条件是

$$\theta^i=\sum_{j=1}^{r}a_j^i\omega^j,a_j^i=a_i^j,i,j=1,\cdots,r.$$

证明 将$\{\omega^1,\cdots,\omega^r\}$扩充为$V^*$的一个基$\{\omega^1,\cdots,\omega^r,\omega^{r+1},\cdots,\omega^n\}$,设

$$\theta^i=\sum_{j=1}^{r}a_j^i\omega^j+\sum_{\alpha=r+1}^{n}a_\alpha^i\omega^\alpha,$$

则

$$\begin{aligned}\sum_{i=1}^{r}\omega^i\wedge\theta^i&=\sum_{i=1}^{r}\omega^i\wedge\Big(\sum_{j=1}^{r}a_j^i\omega^j+\sum_{\alpha=r+1}^{n}a_\alpha^i\omega^\alpha\Big)\\&=\sum_{i,j=1}^{r}a_j^i\omega^i\wedge\omega^j+\sum_{i=1}^{r}\sum_{\alpha=r+1}^{n}a_\alpha^i\omega^i\wedge\omega^\alpha\\&=\sum_{1\leqslant i<j\leqslant r}a_j^i\omega^i\wedge\omega^j+\sum_{1\leqslant j<i\leqslant r}a_j^i\omega^i\wedge\omega^j\\&\quad+\sum_{i=1}^{r}\sum_{\alpha=r+1}^{n}a_\alpha^i\omega^i\wedge\omega^\alpha\\&=\sum_{1\leqslant i<j\leqslant r}a_j^i\omega^i\wedge\omega^j-\sum_{1\leqslant j<i\leqslant r}a_j^i\omega^j\wedge\omega^i\\&\quad+\sum_{i=1}^{r}\sum_{\alpha=r+1}^{n}a_\alpha^i\omega^i\wedge\omega^\alpha\\&=\sum_{1\leqslant i<j\leqslant r}(a_j^i-a_i^j)\omega^i\wedge\omega^j+\sum_{i=1}^{r}\sum_{\alpha=r+1}^{n}a_\alpha^i\omega^i\wedge\omega^\alpha.\end{aligned}$$

注意到$\{\omega^{i_1}\wedge\omega^{i_2}\mid 1\leqslant i_1<i_2\leqslant n\}$为$\wedge^2(V^*)$的一个基,所以$\sum\limits_{i=1}^{r}\omega^i$

$\wedge \theta^i = 0$ 成立的充要条件是

$$a_j^i = a_i^j, a_\alpha^i = 0, \quad (i,j = 1,\cdots,r;\alpha = r+1,\cdots,n).$$

定理1.40　设 $\omega^1,\cdots,\omega^r$ 为 V^* 中的 r 个线性无关的向量, $\dim V^* = n$, $\phi \in \wedge^s(V^*)$, 则

$$\phi \equiv 0 \quad \mathrm{mod}(\omega^1,\cdots,\omega^r).$$

(存在 $\psi^1,\cdots,\psi^r \in \wedge^{s-1}(V^*)$, 使得 $\phi = \sum_{i=1}^r \omega^i \wedge \psi^i$) 的充要条件是

$$\omega^1 \wedge \cdots \wedge \omega^r \wedge \phi = 0.$$

证明　(i) 必要性显然.

(ii) 下面证充分性

将 $\{\omega^1,\cdots,\omega^r\}$ 扩充为 V^* 的一个基 $\{\omega^1,\cdots,\omega^r,\omega^{r+1},\cdots,\omega^n\}$, 则可设

$$\phi = \omega^1 \wedge \psi^1 + \cdots + \omega^r \wedge \psi^r + \sum_{r+1 \leqslant i_1 < \cdots < i_s \leqslant n} a_{i_1\cdots i_s}\omega^{i_1} \wedge \cdots \wedge \omega^{i_s}.$$

若 $s > n-r$, 则 $\phi = \omega^1 \wedge \psi^1 + \cdots + \omega^r \wedge \psi^r$;

若 $s \leqslant n-r$, 则

$$\begin{aligned} 0 &= \omega^1 \wedge \cdots \wedge \omega^r \wedge \phi \\ &= \omega^1 \wedge \cdots \wedge \omega^r \wedge (\omega^1 \wedge \psi^1 + \cdots + \omega^r \wedge \psi^r + \\ &\quad \sum_{r+1 \leqslant i_1 < \cdots < i_s \leqslant n} a_{i_1\cdots i_s}\omega^{i_1} \wedge \cdots \wedge \omega^{i_s}) \\ &= \sum_{r+1 \leqslant i_1 < \cdots < i_s \leqslant n} a_{i_1\cdots i_s}\omega^1 \wedge \cdots \wedge \omega^r \wedge \omega^{i_1} \wedge \cdots \wedge \omega^{i_s}, \end{aligned}$$

注意到 $\{\omega^{j_1} \wedge \cdots \wedge \omega^{j_{r+s}} \mid 1 \leqslant j_1 < \cdots < j_{r+s} \leqslant n\}$ 为 $\wedge^{r+s}(V^*)$ 的一个基, 所以

$$a_{i_1\cdots i_s} = 0, r+1 \leqslant i_1 < \cdots < i_s \leqslant n.$$

从而

$$\phi = \omega^1 \wedge \psi^1 + \cdots + \omega^r \wedge \psi^r,$$

即 $\phi \equiv 0 \quad \mathrm{mod}(\omega^1,\cdots,\omega^r)$.

定理1.41　设 $f^*: W_t \to V_t$ 为线性映射 $f: V \to W$ 的拉回映射, 则

(1) 任意$\phi \in \wedge^t(W^*)$，$f^*(\phi) \in \wedge^t(V^*)$.

(2) 任意$\phi \in \wedge^r(W^*)$，$\psi \in \wedge^s(W^*)$，$r+s=t$，有

$$f^*(\phi \wedge \psi) = f^*(\phi) \wedge f^*(\psi).$$

证明 (1) 任意$\sigma \in \varphi(t)$，$X_1,\cdots,X_t \in V$，

$$\begin{aligned}
&\sigma(f^*(\phi))(X_1,\cdots,X_t)\\
&= f^*(\phi)(X_{\sigma(1)},\cdots,X_{\sigma(t)}) = \phi(f(X_{\sigma(1)}),\cdots,f(X_{\sigma(t)}))\\
&= \sigma\phi(f(X_1),\cdots,f(X_t)) = \operatorname{sgn}\sigma \cdot \phi(f(X_1),\cdots,f(X_t))\\
&= \operatorname{sgn}\sigma(f^*(\phi))(X_1,\cdots,X_t).
\end{aligned}$$

由$X_1,\cdots,X_t$的任意性知$\sigma(f^*(\phi)) = \operatorname{sgn}\sigma(f^*(\phi))$，即$f^*(\phi) \in \wedge^t(V^*)$.

(2) 设$X_1,\cdots,X_{r+s} \in V$，

$$\begin{aligned}
&f^*(\phi \wedge \psi)(X_1,\cdots,X_{r+s})\\
&= \phi \wedge \psi(f(X_1),\cdots,f(X_{r+s}))\\
&= \frac{(r+s)!}{r!s!}A(\phi \otimes \psi)(f(X_1),\cdots,f(X_{r+s}))\\
&= \frac{1}{r!s!}\sum_{\sigma \in \varphi(r+s)} \operatorname{sgn}\sigma \cdot \sigma(\phi \otimes \psi)(f(X_1),\cdots,f(X_{r+s}))\\
&= \frac{1}{r!s!}\sum_{\sigma \in \varphi(r+s)} \operatorname{sgn}\sigma \cdot \phi(f(X_{\sigma(1)}),\cdots,f(X_{\sigma(r)}))\\
&\qquad \cdot \psi(f(X_{\sigma(r+1)}),\cdots,f(X_{\sigma(r+s)}))\\
&= \frac{1}{r!s!}\sum_{\sigma \in \varphi(r+s)} \operatorname{sgn}\sigma \cdot f^*(\phi)(X_{\sigma(1)},\cdots,X_{\sigma(r)}) \cdot f^*(\psi)\\
&\qquad (X_{\sigma(r+1)},\cdots,X_{\sigma(r+s)})\\
&= \frac{1}{r!s!}\sum_{\sigma \in \varphi(r+s)} \operatorname{sgn}\sigma \cdot f^*(\phi) \otimes f^*(\psi)(X_{\sigma(1)},\cdots,X_{\sigma(r+s)})\\
&= \frac{1}{r!s!}\sum_{\sigma \in \varphi(r+s)} \operatorname{sgn}\sigma \cdot \sigma(f^*(\phi) \otimes f^*(\psi))(X_1,\cdots,X_{r+s})\\
&= \frac{(r+s)!}{r!s!}\frac{1}{(r+s)!}\sum_{\sigma \in \varphi(r+s)} \operatorname{sgn}\sigma \cdot \sigma(f^*(\phi)
\end{aligned}$$

$$\otimes f^*(\psi))(X_1,\cdots,X_{r+s})$$
$$=\frac{(r+s)!}{r!s!}A(f^*(\phi)\otimes f^*(\psi))(X_1,\cdots,X_{r+s})$$
$$=f^*(\phi)\wedge f^*(\psi)(X_1,\cdots,X_{r+s}).$$

所以

$$f^*(\phi\wedge\psi)=f^*(\phi)\wedge f^*(\psi).$$

问题与练习

1. 设 X 是一个向量空间，$X\times X=\{(x,y)\mid x,y\in X\}$，如果映射

$$\langle\,,\rangle: X\times X\to \boldsymbol{R};(x,y)\to\langle x,y\rangle$$

满足

1° $\langle x,x\rangle\geqslant 0,\langle x,x\rangle=0\Leftrightarrow x=0$;

2° $\langle x,y\rangle=\langle y,x\rangle$;

3° $\langle x_1+x_2,y\rangle=\langle x_1,y\rangle+\langle x_2,y\rangle$;

4° $\langle\lambda x,y\rangle=\lambda\langle x,y\rangle$.

其中 $x_1,x_2,x,y\in X,\lambda\in\boldsymbol{R}$，则称 $(X,\langle\,,\rangle)$ 为内积空间.

设 $X=\{x(t)\mid x(t)$ 在 $[a,b]$ 上连续$\}$，对 $\forall x(t),y(t)\in X$，定义

$$\langle x(t),y(t)\rangle=\int_a^b x(t)y(t)\,\mathrm{d}t,$$

证明：$(X,\langle\,,\rangle)$ 是内积空间.

2. 设 X 是一个向量空间，如果映射

$$\|\ \|: X\to\boldsymbol{R},x\to\|x\|,\forall x\in X,$$

满足

1° $\|x\|\geqslant 0,\|x\|=0\Leftrightarrow x=0$;

2° $\|\lambda x\|=|\lambda|\cdot\|x\|,x\in X,\lambda\in\boldsymbol{R}$;

3° $\|x+y\|\leqslant\|x\|+\|y\|,x,y\in X$.

则称 $(X,\|\ \|)$ 为赋范空间. 设 $(X,\langle\,,\rangle)$ 是内积空间，$\|x\|=\langle x,$

$x\rangle^{\frac{1}{2}}, x \in X$. 证明:

$$|\langle x,y\rangle| \leqslant \|x\| \|y\|,$$

等号成立当且仅当 $y=\lambda x$ 或者 $x=\lambda y$. 此不等式称为 Schwarz 不等式.

3. 试述度量空间(X,ρ) 的定义. 设 X 是任意集合,令

$$\rho: X \times X \to \boldsymbol{R},$$

$$(x,y) \to \rho(x,y) = \begin{cases} 0, x = y, \\ 1, x \neq y. \end{cases}$$

证明:(X,ρ) 是一个度量空间,称 ρ 为离散度量.

4. 讨论内积空间,赋范空间,度量空间及欧氏空间之间的关系.

5. 设(X,ρ) 是一个度量空间. 证明:作为拓扑空间 X 是一个离散拓扑空间当且仅当 ρ 是一个离散度量.

6. 设 $\mathscr{T}_1, \mathscr{T}_2$ 是集合 X 的两个拓扑. 证明:$\mathscr{T}_1 \cap \mathscr{T}_2$ 也是 X 的拓扑. 举例说明 $\mathscr{T}_1 \cup \mathscr{T}_2$ 可以不是 X 的拓扑.

7. 设 X 和 Y 是两个拓扑空间,$A \subset X$. 证明:如果映射 $f: X \to Y$ 是一个同胚,则 $f|_A: A \to f(A)$ 也是一个同胚.

8. 每一个拓扑空间必定是某一个紧致空间的开子空间.

9. 证明:(1) 设 A 是 $n(\geqslant 2)$ 维欧氏空间 $\boldsymbol{R}^n$ 中的可数子集,则 $\boldsymbol{R}^n - A$ 是连通的.

(2) 设 A 是 $n(\geqslant 2)$ 维球面 S^n 的一个可数子集,则 $S^n - A$ 是连通的.

10. 证明:n 维欧氏空间 $\boldsymbol{R}^n$ 及其中的任何一个邻域都不是紧致的.

11. 举例说明:度量空间中可以有有界闭集不是紧致子集.

12. A_2 拓扑空间的子拓扑空间仍是 A_2 空间.

13. 设 $f: X \to Y$ 是集合间的映射,$V_\alpha \subset X, \omega_\alpha \subset Y$,证明:

(1)$f(\bigcup\limits_\alpha V_\alpha) = \bigcup\limits_\alpha f(V_\alpha)$;

(2)$f^{-1}(\bigcup\limits_\alpha \omega_\alpha) = \bigcup\limits_\alpha f^{-1}(\omega_\alpha)$;

(3)$f^{-1}(\cap \omega_\alpha) = \cap f^{-1}(\omega_\alpha)$;

(4)$f^{-1}(Y - \omega_\alpha) = X - f^{-1}(\omega_\alpha)$.

14. 设 $F:\boldsymbol{R}^n \times \boldsymbol{R}^n \to \boldsymbol{R}, \forall (x,y) \to F(x,y) = \sum_{i=1}^{n} x_i y_i$,其中 $x = (x_1,\cdots,x_n), y = (y_1,\cdots,y_n)$,证明:$F$ 是双线性函数.

15. 设 U 是 $\boldsymbol{R}^m$ 中的开集,$f:U \to \boldsymbol{R}^n$ 是光滑映射,且 $f(0) = 0, \mathrm{rank}(\frac{\partial f_i}{\partial x^i})_0 = m(m \leqslant n)$,则存在一个微分同胚 g,将 $\boldsymbol{R}^n$ 中 0 的一个邻域映成另一个邻域,使得 $g(0) = 0$ 及

$$g \circ f(x^1,\cdots,x^m) = (x^1,\cdots,x^m,0,\cdots,0).$$

16. 设映射 $F:\boldsymbol{R}^n \to \boldsymbol{R}^n$ 在 a 点可微,证明:导数 $DF(a)$ 唯一.

17. 设 $f:V \times \cdots \times V \to V$ 是 r 重线性映射,证明:f 等同于一个 $(1,r)$ 型张量.

18. 举例说明:两个对称(反称)张量积未必为对称(反称)张量.

19. 若三阶共变张量 ϕ 满足 $\phi(X,Y,Z) = \phi(Y,X,Z), \phi(X,Y,Z) = -\phi(X,Z,Y)$,则 $\phi = 0$.

20. 设 (V,g) 是欧氏向量空间,ω 为二阶对称共变张量,设在一组基下有

$$g_{ij}\omega_{kl} - g_{il}\omega_{jk} + g_{jk}\omega_{il} - g_{kl}\omega_{ij} = 0,$$

则 $\omega = \rho g$,其中 $\rho \in \boldsymbol{R}$.

21. 试证:在任一组基下,δ^i_j 是一个 $(1,1)$ 型张量的分量.

22. 在 V 中取定一个基底 $\{e_i\}$, $\{\omega^i\}$ 是其对偶,证明:

$$\sum_{1 \leqslant i_1 < \cdots < i_r \leqslant n} (e_{i_1} \wedge \cdots \wedge e_{i_r}) \otimes (\omega^{i_1} \wedge \cdots \wedge \omega^{i_r})$$

与基底 $\{e_i\}$ 取法无关.

23. 设 (V,g) 为欧氏向量空间,ω 为二阶对称协变张量,定义线性映射 $\omega^*:V \to V$ 如下

$$\langle \omega^*(X), Y \rangle = \omega(X,Y), \quad X,Y \in V.$$

24. 设$(V,\langle\,,\rangle)$是n维内积向量空间，$\Lambda_0^p V$的元素称为p向量，它们是V上的反对称p阶反变张量，在Λ_0^p中定义双线性形式$\langle\,,\rangle$

$$\langle X_1 \wedge \cdots \wedge X_p, Y_1 \wedge \cdots \wedge Y_p \rangle = \det(\langle X_\alpha, Y_\beta \rangle)$$
$$1 \leqslant \alpha, \beta \leqslant p,$$

并且将$\langle\,,\rangle$在一般的p向量上作双线性扩充，证明：

(1)$\langle\,,\rangle$是$\Lambda_0^p V$上的内积.

(2) 设$\{e_i\}$是V上的标准正交基，则

$$\{e_{i_1} \wedge \cdots \wedge e_{i_p} \mid 1 \leqslant i_1 < \cdots < i_p \leqslant n\}$$

是$\Lambda_0^p V$的标准正交基.

第二章　微分流形

粗略地说,几何学的发展史就是空间观念的发展史,“空间”的重要性在于它是几何演出的舞台,随着一种新空间观念的出现和成熟,新的几何在这个空间中展开和发展.“微分流形”的概念和构造是从欧氏空间的概念和有关构造脱胎而来的,它在每一点的近旁和欧氏空间的一个开集是同胚的,流形正是一块块欧氏空间按照一定的方式粘起来的.

微分流形概念的产生是当代数学的一大成就,是大范围分析和整体微分几何演出的舞台,广泛地应用于复分析、拓扑学、随机过程、数学物理与力学、非线性分析等分支学科,同时微分流形的拓扑是重要的研究课题.

本章的目的是叙述微分流形的定义,基本概念和介绍微分流形的一些例子.

§2.1　微分流形的定义和例子

定义 2.1　设 M 是一个 Hausdorff 空间,如果 M 是局部欧氏的,即对每一点 $P \in M$,都存在 P 的一个开邻域 U 和 R^m 中的一个开子集同胚,则称 M 是一个 ***m* 维拓扑流形**.

设 $\varphi: U \to \varphi(U) \subset \boldsymbol{R}^m$ 是上述定义中的一个同胚映射,π^i 为 R^m 的第 i 个坐标投影即

$$\pi^i: \boldsymbol{R}^m \to R; (x^1, \cdots, x^m) \mapsto x^i,$$

则对于每个 $q \in U$,定义它的 m 个坐标为

$$x^i(q) = \pi^i(\varphi(q)),\ i = 1,\cdots,m.$$

从而

$$x^i = \pi^i \circ \varphi,\ i = 1,\cdots,m$$

是 U 上的实值函数,称为第 i 个**坐标函数**,一般地称 (U,φ) 为 M 的一个**坐标图**,U 为**坐标邻域**,φ 称为**坐标映射**,$\{x^i\}$ 为**局部坐标系**.

现在假设 (U,φ),(V,ψ) 是 P 点的两个坐标图,对应的局部坐标系分别为 $\{x^i\}$,$\{y^i\}$,由于 $\varphi: U \to \varphi(U)$ 与 $\psi: V \to \psi(V)$ 都是同胚,因此它们确定了 R^m 中开集 $\varphi(U \cap V)$ 与 $\psi(U \cap V)$ 之间的一个同胚

$$\psi \circ \varphi^{-1}: \varphi(U \cap V) \to \psi(U \cap V),$$

借助于坐标函数,它可表示为

$$y^i = y^i(x^1,\cdots,x^m),i = 1,\cdots,m.$$

一般地,$\psi \circ \varphi^{-1}$ 称为 M 的一个**局部坐标变换**.

类似地,对于局部坐标变换 $\varphi \circ \psi^{-1}: \psi(U \cap V) \to \varphi(U \cap V)$ 有

$$x^i = x^i(y^1,\cdots,y^m),i = 1,\cdots,m.$$

由以上讨论便得到

命题 2.1 拓扑流形上的任意两个局部坐标系之间的坐标变换必是连续的.

定义 2.2 设 M 是一个 m 维拓扑流形

(1) M 的一个坐标图开覆盖

$$\mathscr{U} = \{(U_\alpha,\varphi_\alpha) \mid \alpha \in I, I \text{ 为指标集}, \bigcup_{\alpha \in I} U_\alpha = M\}$$

称为 M 的一个**坐标图册**.

(2) 若坐标图册 $\mathscr{U}$ 中,对任何 $\alpha,\beta \in I$,当 $U_\alpha \cap U_\beta \neq \emptyset$ 时,坐标变换 $\varphi_\beta \circ \varphi_\alpha^{-1}: \varphi_\alpha(U_\alpha \cap U_\beta) \to \varphi_\beta(U_\alpha \cap U_\beta)$ 是 C^∞ 的,则称 $\mathscr{U}$ 是 $\boldsymbol{C^\infty}$ **坐标图册**,这时称 $\mathscr{U}$ 中的任意两个坐标图是 $\boldsymbol{C^\infty}$ **相容的**.

(3) 若 $\mathscr{U}$ 是最大的 C^∞ 坐标图册,即对 M 的任一坐标图 (V,ψ),只要 (V,ψ) 与 $\mathscr{U}$ 中的每个坐标图都 C^∞ 相容,则一定有 $(V,\psi) \in \mathscr{U}$,那么称 $\mathscr{U}$ 为 M 的一个 C^∞ 结构.

注　如果将上述定义中的 C^∞ 换为 C^k,则相应的有 C^k 坐标图册,C^k 微分结构;如果将 C^∞ 换为 C^ω(实解析),则相应的有 C^ω 坐标图册,C^ω 微分结构.

定义 2.3　设 M 是 m 维拓扑流形,$\mathscr{U}$ 是 M 上的一个 C^∞ 结构,则称 $(M,\mathscr{U})$ 为 m 维 C^∞ **流形(光滑流形)**.

注　(i) 若 $\mathscr{U}$ 是 C^k 微分结构或 C^ω 结构,则相应的有 C^k 微分流形或 C^ω 流形(实解析流形),C^0 流形即拓扑流形,应该指出的是 C^0,C^∞,C^ω 流形的理论差别很大,我们主要讨论的是 C^∞ 流形.

(ii) 在微分流形的定义中,如果用 $\boldsymbol{C}^m$ 代替 $\boldsymbol{R}^m$,并要求局部坐标变换是全纯的,这样就得到一个 m 维复流形,注意它是一个 $2m$ 维实流形.

(iii) 为了提供微分流形有某种分析和几何结构,一般在微分流形定义中要求 M 是 A_2 空间,即 M 具有可数基.

下面的命题要告诉我们 C^∞ 坐标图册是确定 C^∞ 结构的本质要求.

命题 2.2　设 M 是一个 m 维拓扑流形,$\mathscr{U}$ 是 M 的一个 C^∞ 坐标图册,则存在 M 的唯一一个 C^∞ 结构 $\widetilde{\mathscr{U}}$,使得 $\mathscr{U}\subset\widetilde{\mathscr{U}}$.

根据命题2.2要证明 M 是一个 C^∞ 流形只需证明:(1) M 是 A_2 空间;(2) M 是 Hausdorff 空间;(3) 可以确定 M 的一个 C^∞ 坐标图册.

例 1　$\boldsymbol{R}^m$ 是一个 M 维 C^∞ 流形.

证明　首先 $\boldsymbol{R}^m$ 是一个 A_2 的 Hausdorff 空间,其次 $\mathscr{U}=\{(\boldsymbol{R}^m, id)\}$ 是 $\boldsymbol{R}^m$ 的一个 C^∞ 坐标图册,因此 $\boldsymbol{R}^m$ 是一个 m 维 C^∞ 流形. 由 $\mathscr{U}$ 所确定的微分结构称为 $\boldsymbol{R}^m$ 的标准光滑结构.

注　对于 $\boldsymbol{R}$,令 $\mathscr{U}'=\{(\boldsymbol{R},\varphi)\}$,其中

$$\varphi:\boldsymbol{R}\to\boldsymbol{R};x\mapsto x^3,$$

易见 $\mathscr{U}'$ 也是 $\boldsymbol{R}$ 的一个 C^∞ 坐标图册,但是 $(\boldsymbol{R},\varphi)$ 与 $(\boldsymbol{R},id)$ 不是 C^∞ 相容的,因为

$$id\circ\varphi^{-1}(x)=\sqrt[3]{x}$$

在 $x=0$ 处不可微，这说明同一个拓扑空间上可建立不同（不相容）的微分结构.

例 2 $\boldsymbol{R}^{m+1}$ 中的单位球面

$$S^m=\{(x^1,\cdots,x^{m+1})\mid\sum_{i=1}^{m+1}(x^i)^2=1\}$$

是一个 m 维 C^∞ 流形.

证明 取 S^m 的拓扑为它在 $\boldsymbol{R}^{m+1}$ 中的相对拓扑，则 S^m 是一个 A_2 的 Hausdorff 空间，对 $i=1,\cdots,m+1$，令

$$U_i^+=\{(x^1,\cdots,x^{m+1})\in S^m\mid x^i>0\},$$

$$U_i^-=\{(x^1,\cdots,x^{m+1})\in S^m\mid x^i<0\},$$

$$\varphi_i^+:U_i^+\to\boldsymbol{R}^m;(x^1,\cdots,x^{m+1})\to(x^1,\cdots,\overset{\wedge}{x^i},\cdots,x^{m+1}),$$

$$\varphi_i^-:U_i^-\to\boldsymbol{R}^m;(x^1,\cdots,x^{m+1})\to(x^1,\cdots,\overset{\wedge}{x^i},\cdots,x^{m+1}).$$

这里“∧”表示去掉相应坐标，则

$$\mathscr{U}=\{(U_i^+,\varphi_i^+),(U_i^-,\varphi_i^-)\mid i=1,\cdots,m+1\}$$

为 S^m 的一个 C^∞ 坐标图册. 事实上

(1) 诸 U_i^+,U_i^- 均为 S^m 的开集，且 $\bigcup_{i=1}^{m+1}(U_i^+\cup U_i^-)=S^m$. 此外还可验证 φ_i^+,φ_i^- 均为同胚，所以 $(U_i^+,\varphi_i^+),(U_i^-,\varphi_i^-)$ 为 S^m 的坐标图.

(2) $\mathscr{U}$ 中的任意两个坐标图是 C^∞ 相容的，以 $(U_1^+,\varphi_1^+),(U_2^-,\varphi_2^-)$ 为例

$$\varphi_2^-\circ(\varphi_1^+)^{-1}:(x^2,\cdots,x^{m+1})\xrightarrow{(\varphi_1^+)^{-1}}\left(\sqrt{1-\sum_{i=2}^{m+1}(x^i)^2},x^2,\cdots,x^{m+1}\right)\xrightarrow{\varphi_2^-}\left(\sqrt{1-\sum_{i=2}^{m+1}(x^i)^2},\overset{\wedge}{x^2},\cdots,x^{m+1}\right),$$

改变记号，以 $(\xi^1,\cdots,\xi^m)$ 作为 U_1^+ 上点的坐标，以 $(\eta^1,\cdots,\eta^m)$ 作为 U_2^- 上点的坐标，则坐标变换 $\varphi_2^-\circ(\varphi_1^+)^{-1}$ 可表示为

$$\eta^1=\sqrt{1-\sum_{i=1}^{m}(\xi^i)^2},$$

$$\eta^{\alpha} = \xi^{\alpha}, \alpha = 2, \cdots, m.$$

显然诸 η^i 是 $(\xi^1, \cdots, \xi^m)$ 的 C^∞ 函数，所以 (U_1^+, φ_1^+)，(U_2^-, φ_2^-) 是 C^∞ 相容的.

综上 S^m 是一个 m 维 C^∞ 流形.

例 3　积流形

设 M、N 分别为 m、n 维 C^∞ 流形，微分结构分别为

$$\mathscr{U}_M = \{(U_\alpha, \varphi_\alpha) \mid \alpha \in I, I \text{ 为指标集}\},$$

$$\mathscr{U}_N = \{(V_\beta, \psi_\beta) \mid \beta \in J, J \text{ 为指标集}\},$$

在积空间 $M \times N$ 上，令

$$\mathscr{U}_M \times \mathscr{U}_N = \{(U_\alpha \times V_\beta, \varphi_\alpha \times \psi_\beta) \mid \alpha \in I, \beta \in J\},$$

其中 $\varphi_\alpha \times \psi_\beta : U_\alpha \times V_\beta \to \varphi_\alpha(U_\alpha) \times \psi_\beta(V_\beta) \subset \boldsymbol{R}^m \times \boldsymbol{R}^n = \boldsymbol{R}^{m+n}$ 定义为

$$(\varphi_\alpha \times \psi_\beta)(p, q) = (\varphi_\alpha(p), \psi_\beta(q)),$$

这里 $(p, q) \in U_\alpha \times V_\beta \subset M \times N$，容易验证 $\mathscr{U}_M \times \mathscr{U}_N$ 是 $M \times N$ 上的一个 C^∞ 坐标图册，因此 $M \times N$ 是一个 $m + n$ 维 C^∞ 流形.

例 4　设 S^1 为单位圆周，由例 2、例 3 可知 m 维圆环面

$$T^m = \underbrace{S^1 \times \cdots \times S^1}_{m\text{个}}$$

是一个 m 维 C^∞ 流形.

例 5　开子流形

设 M 是一个 m 维 C^∞ 流形，微分结构为

$$\mathscr{U} = \{(U_\alpha, \varphi_\alpha) \mid \alpha \in I\},$$

又设 U 为 M 的一个开子集，令

$$V_\alpha = U_\alpha \cap U,\ \psi_\alpha = \varphi_\alpha|_{V_\alpha},$$

则

$$\mathscr{U}_v = \{(V_\alpha, \psi_\alpha) \mid \alpha \in I\}$$

是 U 上的一个 C^∞ 微分结构，从而 U 是一个 m 维 C^∞ 流形，称为 M 的**开子流形**.

注　并不是微分流形的每个拓扑子空间都可以装备一个微分

结构，使得它成为一个微分子流形．例如 $\boldsymbol{R}$ 中的双纽线 $M=\{(x_1,x_2)\in\boldsymbol{R}^2\mid(x_1^2+x_2^2)^2=x_1^2-x_2^2\}$ 作为 $\boldsymbol{R}^2$ 的拓扑子 空间当 然是 T_2 的．但是 M 不是局部欧氏的，若不然：设 M 是 1 - 维拓扑流形，由于 $O(0,0)\in M$，由局部欧氏性知，存在点 $(0,0)$ 的一个开集 $V=M\cap\tilde{V}$ 及同胚映射 $\varphi:V\to\varphi(V)\in\boldsymbol{R}^1$，由于 $\varphi(V)$ 是 $\boldsymbol{R}^1$ 中开集，不妨设 $\varphi(V)=(a,b)$（开区间），其中 $\tilde{V}$ 为 $\boldsymbol{R}^2$ 中开邻域．由于 $\varphi(0,0)\triangleq c\in(a,b)$．从而

$$\varphi:V-\{0\}\to(a,c)\cup(c,b)$$

是同胚，但 $V-\{0\}$ 有四个连通分支，而 $\{(a,c)\cup(c,b)\}$ 只有两个连通分支，这与 φ 是同胚映射相矛盾．

例 6　以 $M_{mn}(\boldsymbol{R})$ 表示 $\boldsymbol{R}$ 上 $m\times n$ 矩阵的全体，利用双射

$f:M_{mn}(\boldsymbol{R})\to\boldsymbol{R}^{mn};\ (a_{ij})_{m\times n}\to(a_{11},\cdots,a_{1n},a_{21},\cdots,a_{2n},\cdots,a_{n1},\cdots,a_{mn})$

可将 $\boldsymbol{R}^{mn}$ 的拓扑结构、微分结构平移至 $M_{mn}(\boldsymbol{R})$，使其成为一个 $m\times n$ 维 C^∞ 流形．令

$$GL(n,\boldsymbol{R})=\{A\in M_{nn}(\boldsymbol{R})\mid\det A\neq0\}.$$

因为 $\det A$ 是 A 中的元素 a_{ij} 的多项式，所以映射 $\det:M_{nn}(\boldsymbol{R})\to\boldsymbol{R}$ 是连续的，注意到 Hausdorff 空间 $\boldsymbol{R}$ 中的单点集 $\{0\}$ 为闭集，所以 $\det^{-1}\{0\}$ 为 $M_{mn}\{\boldsymbol{R}\}$ 中的闭集，因此

$$GL(n;\boldsymbol{R})=M_{nn}(\boldsymbol{R})-\det{}^{-1}\{0\}$$

是 $M_{n'n}(\boldsymbol{R})$ 的开子集，根据例 5 它是 $M_{nn}(\boldsymbol{R})$ 的一个 n^2 维开子流形，称为**一般线性群**．

下面将给出微分流形的两个重要例子，它们都是抽象流形，在此之前我们先要介绍点集拓扑中关于商空间的一些知识．

定义 2.4　设 $(X,\mathscr{T})$ 是一个拓扑空间，$\sim$ 是 X 中的一个等价关系，用 $[x]$ 表示 $x\in X$ 的等价类，即 $[x]=\{y\in X\mid y\sim x\}$，以 $X/\sim$ 表示等价类全体，即

$$X/\sim=\{[x]\mid x\in X\},$$

定义自然投影为

$$\pi: X \to X/\sim; x \to [x],$$

令

$$\overline{\mathscr{T}} = \{U \subset X/\sim \mid \pi^{-1}(U) \in \mathscr{T}\},$$

易见$\overline{\mathscr{T}}$为$X/\sim$上的一个拓扑,称为X关于等价关系$\sim$的**商拓扑**,$(X/\sim, \overline{\mathscr{T}})$称为**商空间**. 显然此时$\pi: X \to X/\sim$为连续满射.

定义 2.5　设$X/\sim$为商拓扑空间,如果对X的任一开集A,

$$[A] = \bigcup_{x \in A} [x],$$

也是X的开集,则称**等价关系$\sim$是开的**.

引理2.1　拓扑空间X上的等价关系$\sim$是开的当且仅当自然投影π是一个开映射.

引理2.2　设$\sim$是拓扑空间X上的开等价关系,若$S = \{(x,y) \in X \times X \mid x \sim y\}$为$X \times X$的闭子集,则商空间$X/\sim$为Hausdorff空间.

例7　实射影空间$\boldsymbol{R}P^m$.

$X = \boldsymbol{R}^{m+1} - \{0\}$,在$X$上定义一个等价关系$\sim$:设$x = (x^1, \cdots, x^{m+1}), y = (y^1, \cdots, y^{m+1}) \in X, x \sim y \Leftrightarrow$存在一个实数$t \neq 0$,使得$y = tx$,即$(y^1, \cdots, y^{m+1}) = (tx^1, \cdots, tx^{m+1})$. 易见等价类$[x]$是$\boldsymbol{R}^{m+1}$中一条过原点的直线,$X$关于等价关系$\sim$的商空间$X/\sim$称为**实射影空间**,记为$\boldsymbol{R}P^m$,我们证明$\boldsymbol{R}P^m$是一个$m$维$C^\infty$流形.

(1)$\boldsymbol{R}P^m$是A_2空间

事实上,对$t \neq 0$,作映射

$$\varphi_t: X \to X; x \to \varphi_t(x) = tx,$$

则φ_t为同胚. 从而若U为X的开集,则

$$[U] = \bigcup_{t \neq 0} \varphi_t(U)$$

也是X中的开集,即等价关系$\sim$是开的,根据引理2.1,自然投影$\pi: X \to \boldsymbol{R}P^m$是开映射. 又$X$是$\boldsymbol{R}^{m+1}$的开子流形,具有可数基,所以$\boldsymbol{R}P^m$也是$A_2$空间.

(2)$\boldsymbol{R}P^m$ 是 Hausdorff 空间

作实值函数$f:X\times X\to\boldsymbol{R}$,定义为

$$f(x,y)=\sum_{i,j=1}^{m+1}(x^iy^j-x^jy^i)^2,$$

这里$x=(x^1,\cdots,x^{m+1}),y=(y^1,\cdots,y^{m+1})$,显然$f$连续,且$f(x,y)=0$当且仅当$x\sim y$. 因此

$$S=\{(x,y)\mid x\sim y\}=f^{-1}\{0\}$$

是$X\times X$的闭子集,根据引理2.2,$\boldsymbol{R}P^m$ 是 Hausdorff 空间.

(3) 最后确定$\boldsymbol{R}P^m$ 的一个 C^∞ 坐标图册

对$1\leqslant i\leqslant m+1$,令

$\widetilde{U}_i=\{x=(x^1,\cdots,x^{m+1})\in X\mid x^i\neq 0\};U_i=\pi(\widetilde{U}_i)$,

作映射$\varphi_i:U_i\to\boldsymbol{R}^m$,定义为对$[x]\in U_i$的任一代表$x=(x^1,\cdots,x^{m+1})$有

$$\varphi_i(x)=(\frac{x^1}{x^i},\cdots,\frac{x^{i-1}}{x^i},\frac{x^{i+1}}{x^i},\cdots,\frac{x^{m+1}}{x^i}).$$

关于φ_i有

(i) 设$[x]\in U_i,y\sim x$,易见$\varphi_i(x)=\varphi_i(y)$,所以$\varphi_i$定义合理;

(ii)φ_i为单射,设$[x],[y]\in U_i$,如果$\varphi_i([x])=\varphi_i([y])$,即

$$\frac{x^p}{x^i}=\frac{y^p}{y^i},p=1,\cdots,i-1,i+1,\cdots,m,$$

则

$$y^p=\frac{y^i}{x^i}x^p,p=1,\cdots,i-1,i+1,\cdots,m,$$

从而$y=\dfrac{y^i}{x^i}x,y\sim x$即$[x]=[y]$;

(iii)φ_i为满射,对$(z^1,\cdots,z^m)\in\boldsymbol{R}^m$,存在$(z^1,\cdots,z^{i-1},1,z^i,\cdots,z^m)$,使得

$$\varphi_i(z^1,\cdots,z^{i-1},1,z^i,\cdots,z^m)=(z^1,\cdots,z^m);$$

(iv) 显然φ_i连续,$\varphi_i^{-1}=\pi\circ g$也是连续的,这里$g:\boldsymbol{R}^m\to\boldsymbol{R}^{m+1}$;

$(z^1,\cdots,z^m)\to(z^1,\cdots,z^{i-1},1,z^i,\cdots,z^m)$,所以 φ_i 是同胚,令

$$\mathscr{U}=\{(U_i,\varphi_i)\mid i=1,\cdots,m+1\},$$

则 $\bigcup_{i=1}^{m+1}U_i=\boldsymbol{R}P^m$,改写

$$\varphi_i([x])=({}_i\xi^1,\cdots,{}_i\xi^{i-1},{}_i\xi^{i+1},\cdots,{}_i\xi^{m+1}),$$

其中

$${}_i\xi^p=\frac{x^p}{x^i},p=1,\cdots,i-1,i+1,\cdots,m+1.$$

对于 $j\neq i$,$U_i\cap U_j$ 上的坐标变换

$$\begin{cases}{}_j\xi^h=\dfrac{{}_i\xi^h}{{}_i\xi^j}, & (h\neq i,j),\\[2ex] {}_j\xi^i=\dfrac{1}{{}_i\xi^j}\end{cases}$$

是 C^∞ 的,所以 $\mathscr{U}$ 为 $\boldsymbol{R}P^m$ 的一个 C^∞ 坐标图册.

综上,$\boldsymbol{R}P^m$ 是一个 m 维 C^∞ 流形.

例 8　Grassmann 流形.

$\boldsymbol{R}^m$ 的一个 $\boldsymbol{k}$ - 标架是指 $\boldsymbol{R}^m$ 中的 k 个线性无关的向量 $x_1,\cdots,x_k$,记作

$$X=(x_1,\cdots,x_k)^T,$$

其中

$$x_1=(x_1^1,\cdots,x_1^m),\cdots,x_k(x_k^1,\cdots,x_k^m).$$

显然 k - 标架 X 等同于 $\boldsymbol{R}$ 上秩为 k 的一个 $k\times m$ 矩阵,即

$$X=\begin{pmatrix}x_1^1 & \cdots & x_1^m\\ \vdots & & \vdots\\ x_k^1 & \cdots & x_k^m\end{pmatrix}_{k\times m},$$

所以 $\boldsymbol{R}^m$ 中 k - 标架的全体等同于 $\boldsymbol{R}$ 上秩为 k 的 $k\times m$ 矩阵全体 $F_{km}(\boldsymbol{R})$,仿照例 6 不难看出 $F_{km}(\boldsymbol{R})$ 是 $M_{km}(\boldsymbol{R})$ 的一个开子流形.

现在在 $F_{km}(\boldsymbol{R})$ 中定义一个等价关系 ~:设 $X,Y\in F_{km}(\boldsymbol{R})$,

$$X \sim Y \Leftrightarrow \text{存在} A \in GL(k;\boldsymbol{R}), \text{使得} Y = AX.$$

不难看出上述等价关系的几何意义是 X 所对应的 k - 标架与 Y 所对应的 k - 标架决定了 $\boldsymbol{R}^m$ 中的同一个 k - 平面,即 $\boldsymbol{R}^m$ 中同一个 k - 维线性子空间. 令

$$G(k,m) = F_{km}(\boldsymbol{R}) / \sim .$$

自然投影

$$\pi: G(k,m) \to F_{km}(\boldsymbol{R}); X \to [X],$$

对于 $A \in GL(k,\boldsymbol{R})$,作映射

$$\varphi_A: F_{km}(\boldsymbol{R}) \to F_{km}(\boldsymbol{R}); X \to AX.$$

(1) $G(k,m)$ 是 A_2 空间

事实上,对于 $A \in GL(k;\boldsymbol{R})$, $\varphi_A: F_{km}(\boldsymbol{R}) \to F_{km}(\boldsymbol{R})$ 是同胚,从而对 $F_{km}(\boldsymbol{R})$ 的任一开集 U, $\varphi_A(U)$ 仍是 $F_{km}(\boldsymbol{R})$ 的开集,因此

$$[U] = \bigcup_{A \in GL(k;\boldsymbol{R})} \varphi_A(U)$$

也是 $F_{km}(\boldsymbol{R})$ 的开集,这就说明等价关系 $\sim$ 是开的,根据引理 2.1, π 是开映射,又 $F_{km}(\boldsymbol{R})$ 作为 $M_{km}(\boldsymbol{R})$ 的开子流形是 A_2 的,所以 $G(k,m)$ 是 A_2 的.

(2) $G(k,m)$ 是 Hausdorff 空间

我们先考虑如何借助函数描述等价关系 $\sim$. 根据 $\sim$ 的几何意义, $X \sim Y$ 即 X 对应的 k - 标架与 Y 对应的 k - 标架(设分别为 $X = (x_1, \cdots, x_k)^T$, $Y = (y_1, \cdots, y_k)^T$)确定同一 k - 平面,从而 $y_1, \cdots, y_k$ 均可由 $\{x_1, \cdots, x_k\}$ 线性表出,换句话说下列 $k+1$ 个矩阵都是奇异的.

$$(x_1, \cdots, x_k, y_1)^T, \cdots, (x_1, \cdots, x_k, y_k)^T,$$

由此作实值函数

$$f: F_{km}(\boldsymbol{R}) \times F_{km}(\boldsymbol{R}) \to \boldsymbol{R}.$$

定义为

$$f(X,Y) = \sum_{l=1}^{k} \sum_{i_1,\cdots,i_{k+1}=1}^{m} \begin{vmatrix} x_1^{i_1} & \cdots & x_1^{i_{k+1}} \\ \vdots & & \vdots \\ x_k^{i_1} & \cdots & x_k^{i_{k+1}} \\ y_1^{i_1} & \cdots & y_1^{i_{k+1}} \end{vmatrix},$$

易见$f(X,Y) = 0 \Leftrightarrow X \sim Y$,所以

$$S = \{(X,Y) \in F_{km}(\boldsymbol{R}) \times F_{km}(\boldsymbol{R}) \mid X \sim Y\} = f^{-1}(0)$$

是$F_{km}(\boldsymbol{R}) \times F_{km}(\boldsymbol{R})$的闭子集,根据引理2.2,$G(k,m)$是Hausdorff空间.

(3) 最后给出$G(k,m)$的一个C^∞坐标图册

令$J = (j_1,\cdots,j_k)$是$(1,\cdots,m)$的一个有序子集,J'为J的有序余子集,对$X \in F_{km}(\boldsymbol{R})$,用$X_J$表示$X$的按序取$j_1,\cdots,j_k$列所得的子矩阵$(x_i^{j_l})_{1\leqslant i,l\leqslant k}$,用$X_{J'}$表示$X$除去$X_J$后的余子矩阵. 令

$$\widetilde{U}_J = \{X \in F_{km}(\boldsymbol{R}) \mid det(X_J) \neq 0\}, U_J = \pi(\widetilde{U}_J),$$

则U_J为$G(k,m)$的开子集,且所有U_J覆盖了$G(k,m)$.

对于$X \in \widetilde{U}_J$,有

$$X \sim X^* = (X_J)^{-1}X,$$

显然X^*的子矩阵X_J^*为$k \times k$单位矩阵,作映射

$$\varphi_J : U_J \to M_{k(m-k)}(\boldsymbol{R}); \varphi_J([X]) = X_{J'}^*.$$

φ_J定义合理,以$J = (1,\cdots,k)$为例,$J' = (k+1,\cdots,m)$,设$X,Y \in \widetilde{U}_J$,$X \sim Y$,则

$$\begin{aligned} \varphi_J([X]) &= X_{J'}^* = ((X_J)^{-1}X)_{J'} = ((X_J)^{-1}(X_J,X_{J'}))_{J'} \\ &= (I_{k\times k},(X_J)^{-1}X_{J'}), \\ \varphi_J([Y]) &= Y_{J'}^* = ((Y_J)^{-1}Y)_{J'} = ((Y_J)^{-1}(Y_J,Y_{J'}))_{J'} \\ &= (I_{k\times k},(Y_J)^{-1}Y_{J'}), \end{aligned}$$

因为$X \sim Y$,从而存在$A \in GL(K;\boldsymbol{R})$使得$Y = AX$,即

$$(Y_J,Y_{J'}) = A(X_J,X_{J'}) = (AX_J,AX_{J'}),$$

则

$$(Y_J)^{-1}Y_{J'} = (AX_J)^{-1}(AX_{J'}) = (X_J)^{-1}A^{-1}AX_{J'} = (X_J)^{-1}X_{J'},$$
所以 $\varphi_J([X]) = \varphi_J([Y])$.

此外还能证明 φ_J 为同胚,且对于 $(1,\cdots,m)$ 的 k 个不同元素的有序子集 J 的全体,$\{(U_J,\varphi_J)\}$ 构成了 $G(k,m)$ 的 C^∞ 坐标图册.

综上,$G(k,m)$ 是一个 $k(m-k)$ 维 C^∞ 流形,称为 **Grassmann 流形**.

§2.2 微分流形上的可微函数与可微映射

本节是将 n 维欧氏空间 $\boldsymbol{R}^n$ 上的可微函数 $y = f(x^1,x^2,\cdots,x^n)$ 及 $\boldsymbol{R}^n$ 与 $\boldsymbol{R}^m$ 间的可微映射 φ:
$$(x^1,\cdots,x^n) \to (y^1(x^1,\cdots,x^n)\cdots,y^m(x^1,\cdots,x^n)).$$
推广到流形上.

2.2.1 可微函数

定义 2.6 设 M^n 是 n 维微分流形,M^n 上的函数 $f:M \to \boldsymbol{R}$,称为**光滑的(C^∞ 的)**. 如果 $\forall p \in M^n$ 存在 p 点的一个坐标图 (U,φ),使得
$$f\circ \varphi^{-1}:\varphi(U)(\subset \boldsymbol{R}^m) \to \boldsymbol{R}$$
是光滑的(C^∞ 的).

注 (i) 流形上函数的 光滑性转化为 $\boldsymbol{R}^m$ 上某个开集 上多元函数
$$y = f\circ \varphi^{-1}(x^1,\cdots,x^n)$$
的光滑性.

(ii) 流形上函数 f 的光滑性与 M 的局部坐标图 (U,φ) 选取无关,事实上,设 (V,ψ) 是 M 在 p 点的另一个坐标图,若 f 相对于 (U,φ) 是光滑的,即
$$f\circ \varphi^{-1}:\varphi(U)(\subset \boldsymbol{R}^m) \to \boldsymbol{R}$$
是光滑的,则相对于 (V,ψ) 有

$$f\circ\psi^{-1}=(f\circ\varphi^{-1})\circ(\varphi\circ\psi^{-1})$$

也是光滑的.

这是因为,(U,φ) 及(V,ψ) 是 C^∞ 相容,从而 $\varphi\circ\psi^{-1}$ 是 C^∞ 的.

(iii) M 上所有光滑函数的全体记为 $C^\infty(M,\boldsymbol{R})$,在 $C^\infty(M,\boldsymbol{R})$ 上定义加法和数乘:

$$\forall f,g\in C^\infty(M,\boldsymbol{R}),\alpha,\beta\in\boldsymbol{R},$$

$$(\alpha f+\beta g)(p)\triangleq\alpha\cdot f(p)+\beta\cdot g(p),$$

则 $\alpha f+\beta g\in C^\infty(M,\boldsymbol{R})$.

事实上,由于 f,g 是光滑的,则存在 M 在 p 点坐标图(U,φ),使得 $\alpha f\circ\varphi^{-1}$ 及 $\beta g\circ\varphi^{-1}$ 是光滑的,从而

$$(\alpha f+\beta g)\circ\varphi^{-1}=\alpha(f\circ\varphi^{-1})+\beta(g\circ\varphi^{-1})$$

亦是光滑的,于是 $\alpha f+\beta g\in C^\infty(M,\boldsymbol{R})$.

由此可知,$C^\infty(M,\boldsymbol{R})$ 是实数域 $\boldsymbol{R}$ 的一个向量空间. 再在 $C^\infty(M,\boldsymbol{R})$ 上定义乘法: $\forall f,g\in C^\infty(M,\boldsymbol{R})$ 及 $p\in M$,定义

$$(f\cdot g)(p)\triangleq f(p)\cdot g(p).$$

由于$(f\cdot g)\circ\varphi^{-1}=(f\circ\varphi^{-1})\cdot(g\circ\varphi^{-1})$,从而 $f\cdot g\in C^\infty(M,\boldsymbol{R})$,故 $C^\infty(M,\boldsymbol{R})$ 是实数域 $\boldsymbol{R}$ 上的一个代数.

(iv) $\forall p\in M$,设(U,φ) 是流形 M 在 p 点的局部坐标邻域,对于 $\forall\varphi\in U$,φ 的局部坐标为$(x^1,x^2,\cdots,x^n)$,作坐标投影

$$\pi^i:\varphi(U)(\subset\boldsymbol{R}^n)\to\boldsymbol{R}^1;\pi^i(x^1,\cdots,x^n)=x^i,$$

显然,π^i 是关于 $x^1,\cdots,x^n$ 的光滑函数,而 $x^i=\pi^i\circ\varphi:U\to\boldsymbol{R}$ 称为 M 上的局部坐标函数. 显然 $x^i\in C^\infty(M,\boldsymbol{R})$,这是因为

$$x^i\circ\varphi^{-1}=\pi^i\in C^\infty(\varphi(U),\boldsymbol{R}).$$

下面我们叙述关于流形上光滑函数的一个重要定理.

定理 2.1①　设 M 是一个 m 维 C^∞ 流形,A、B 分别是 M 的闭子集和紧致子集,$A\cap B=\varnothing$,则存在 M 上的一个 C^∞ 函数 f,使得

① 参见陈维桓等著:《微分流形初步》,北京:高等教育出版社,2003 年版.

$$f|_A \equiv 0, f|_B \equiv 1.$$

推论1 设M是一个m维C^∞流形,$p \in M$,则对p的任一开邻域U,必存在p的开邻域V及$f \in C^\infty(M,\boldsymbol{R})$,使得$\bar{V}$紧致,$V \subset \bar{V} \subset U$,且

$$f|_{\bar{V}} \equiv 1, f|_{M-U} \equiv 0.$$

证明 由M是局部欧氏的,不难看出确实存在p的开邻域V,使得$\bar{V}$紧致且$V \subset \bar{V} \subset U$. 此时$\bar{V}$和$M-V$是$M$上不相交的紧致集和闭集,由定理2.1知结论成立.

推论2 设U是m维C^∞流形M上的一个开子集,$f \in C^\infty(U,\boldsymbol{R})$,则对任意$p \in U$,存在$p$的一个邻域$V \subset U$及$\tilde{f} \in C^\infty(M,\boldsymbol{R})$,使得

$$\tilde{f}|_V = f|_V, \tilde{f}|_{M-U} \equiv 0.$$

证明 由推论1对$p \in U$,必存在p的开邻域V, W,使得$\bar{V}$紧致,且$V \subset \bar{V} \subset W \subset \bar{W} \subset U$,相应地还存在$g \in C^\infty(M,\boldsymbol{R})$,使得

$$g|_V \equiv 1, g|_{M-W} \equiv 0.$$

令

$$\tilde{f}(x) = \begin{cases} g(x)f(x), & x \in U, \\ 0, & x \notin U. \end{cases}$$

易见$\tilde{f} \in C^\infty(U,\boldsymbol{R})$,又$\tilde{f}|_{M-\bar{W}} \equiv 0$,则$\tilde{f}$在$M-U(\subset(M-\bar{W}))$上光滑,所以$\tilde{f} \in C^\infty(M,\boldsymbol{R})$.

2.2.2 流形间的可微映射

定义2.7 设M^m, N^n分别是m维、n维C^∞微分流形,映射$F: M^m \to N^n$称为**C^∞映射(光滑映射)**,如果对于$\forall p \in M^m$,存在M^m在p点的坐标图(U,φ)及N^n在$F(p)$点的坐标图(V,ψ),使得

$$\psi \circ F \circ \varphi^{-1}: \varphi(U)(\subset \boldsymbol{R}^m) \to \psi(V)(\subset \boldsymbol{R}^n)$$

是C^∞的(或光滑的).

注 (i) 由定义,$F: M^m \to N^n$的光滑性,完全由局部坐标函数的

光滑性决定.

设 M^m 在 p 点的坐标图 (U,φ),相应的 N^n 在 $F(p)$ 的坐标图为 (V,ψ),于是

$$\varphi(p) = (x^1(p),\cdots,x^m(p)),$$
$$\psi(F(p)) = (y^1(F(p)),\cdots,y^n(F(p))).$$

从而坐标函数之间的映射为

$$\psi \circ F \circ \varphi^{-1}(x^1,\cdots,x^m) = (y^1 \circ F(x^1,\cdots,x^m),\cdots,$$
$$y^n \circ F(x^1,\cdots,x^m)),$$

于是

$$\psi \circ F \circ \varphi^{-1} \in C^\infty(\boldsymbol{R}^m,\boldsymbol{R}^n) \Leftrightarrow y^i \circ F(x^1,\cdots,x^m)$$

有任何阶连续的偏导函数

$$y^i = y^i \circ F(x^1,\cdots,x^m),i = 1,2,\cdots,n.$$

(ii) $F:M^m \to N^n$ 的光滑性与坐标图的选择无关. 事实上,设 (U,φ) 及 $(\tilde{U},\tilde{\varphi})$ 是 p 点的两个坐标图,(V,ψ) 及 $(\tilde{V},\tilde{\psi})$ 为 $F(p)$ 的两个坐标图. 若相对于 (U,φ) 及 (V,ψ),F 是光滑的,即

$$\psi \circ F \circ \varphi^{-1} \in C^\infty(\boldsymbol{R}^m,\boldsymbol{R}^n),$$

则

$$\tilde{\psi} \circ F \circ \tilde{\varphi}^{-1} = (\tilde{\psi} \circ \psi^{-1}) \circ (\psi \circ F \circ \varphi^{-1}) \circ (\varphi \circ \tilde{\varphi}^{-1}).$$

由于 (U,φ) 及 $(\tilde{U},\tilde{\varphi})$ 是 C^∞ 相容的,(V,ψ) 及 $(\tilde{V},\tilde{\psi})$ 亦是 C^∞ 一相容的,从而

$$\tilde{\psi} \circ F \circ \tilde{\varphi}^{-1} \in C^\infty(\tilde{\varphi}(\tilde{U}),\tilde{\psi}(\tilde{V})).$$

(iii) 坐标映射 φ 是流形 M 上的开集 U 到流形 $(\boldsymbol{R}^n,id)$ 的 C^∞ 映射,这是因为

$$id \circ \varphi \circ \varphi^{-1} = id.$$

若将 M^m 及 N^n 的所有的光滑映射记为 $C^\infty(M^m,N^n)$,则有下列定理.

定理 2.2　设 M^m 及 N^n 是 C^∞ 流形,则 $F \in C^\infty(M^m,N^n) \Leftrightarrow$ 对于 N^n 上的任一个 C^∞ 函数 $g \in C^\infty(N^n,\boldsymbol{R})$,恒有 $g \circ F$ 是 M 上的 C^∞ 函

数,即

$$g \circ F \in C^{\infty}(M^m, \boldsymbol{R}).$$

证明 必要性. 若$F \in C^{\infty}(M^m, N^n)$,往证$\forall g \in C^{\infty}(N^n, \boldsymbol{R})$,恒有$g \circ F \in C^{\infty}(M^m, \boldsymbol{R})$,即证$\forall p \in M^m$,存在$M^m$在$p$点的坐标图$(U, \varphi)$使得$(g \circ F) \circ \varphi^{-1} \in C^{\infty}(\boldsymbol{R}^m, \boldsymbol{R})$.

事实上,由于$F \in C^{\infty}(M^m, N^n) \Rightarrow \forall p \in M^m$,存在$M^m$在$p$点的坐标图$(U, \varphi)$及$N^n$在$F(p)$点的坐标图$(V, \psi)$,使得$\psi \circ F \circ \varphi^{-1} \in C^{\infty}(\varphi(U), \psi(V))$,于是由

$$(g \circ F) \circ \varphi^{-1} = (g \circ \psi^{-1}) \circ (\psi \circ F \circ \varphi^{-1}),$$

$$g \circ \psi^{-1} \in C^{\infty}(\boldsymbol{R}^n, \boldsymbol{R}),$$

得

$$(g \circ F) \circ \varphi^{-1} \in C^{\infty}(\varphi(U), \boldsymbol{R}),$$

从而

$$g \circ F \in C^{\infty}(M^m, \boldsymbol{R}).$$

充分性. 由于N上的局部坐标函数$y^i \in C^{\infty}(N^n, \boldsymbol{R})$,由题设

$$y^i \circ F \in C^{\infty}(M^m, \boldsymbol{R}).$$

因此存在N^n在$F(p) \in N^n$的坐标图(V, ψ)及M^m在p点的坐标图(U, φ)使得

$$x^i \circ \varphi^{-1} \in C^{\infty}(\boldsymbol{R}^m, \boldsymbol{R}) \Rightarrow y^i \circ F \circ \varphi^{-1} \in C^{\infty}(\boldsymbol{R}^m, \boldsymbol{R}),$$

于是 $\psi \circ F \circ \varphi^{-1}(x^1, \cdots, x^2, \cdots, x^m)$

$$= (y^1 \circ F(x^1, \cdots, x^m), \cdots, y^n \circ F(x^1, \cdots, x^m)),$$

即$F \in C^{\infty}(M^m, N^n)$.

定理 2.3 设$F \in C^{\infty}(M^m, N^n)$,$g_1, g_2 \in C^{\infty}(N^n, \boldsymbol{R})$,则

$$(\alpha g_1 + \beta g_2) \circ F \in C^{\infty}(M^m, \boldsymbol{R}),$$

$$(g_1 \cdot g_2) \circ F \in C^{\infty}(M^m, \boldsymbol{R}).$$

2.2.3 流形上的光滑曲线

设M是n维微分流形,此流形上的曲线是指映射$\sigma:(a,b)(\subset$

$\boldsymbol{R}) \to M$. 记为

$$\sigma = \sigma(t), a < t < b.$$

如果这个映射是光滑的,即对于 $\forall t \in (a,b)$, $\exists \sigma(t)$ 的坐标图(V, φ),使得 $\varphi \circ \sigma \in C^{\infty}((a,b), \varphi(V))$,则称 σ 是流形上的光滑曲线.

设 $\varphi(\sigma(t)) = (x^1(\sigma(t)), x^2(\sigma(t)), \cdots, x^n(\sigma(t)))$,则

$\sigma \in C^{\infty}((a,b), M) \Leftrightarrow \varphi \circ \sigma \in C^{\infty}((a,b), \varphi(V))$

$\Leftrightarrow$ 分量函数 $x^i = x^i(\sigma(t))$ 是光滑函数,$i = 1, 2, \cdots, n$.

例 1　考察球面曲线 $\sigma:(0, 2\pi) \to S^2 \subset \boldsymbol{R}^3$.

$$\sigma(t) = (\frac{\sqrt{3}}{2}\cos t, \frac{\sqrt{3}}{2}\sin t, \frac{1}{2}) \subset U_3^+ \subset S^2,$$

则 $\sigma \in C^{\infty}((0, 2\pi), S^2)$,其中 U_3^+ 为 §2.1 例 2 所定义.

这是因为,对于 $\forall t \in (0, 2\pi)$,考虑 $\sigma(t)$ 的坐标图(U_3^+, φ_3^+),由于 $\varphi_3^+ \circ \sigma(t) = (\frac{\sqrt{3}}{2}\cos t, \frac{3}{2} sint)$ 是 C^{∞} 的,从而 $\sigma \in C^{\infty}((0, 2\pi), S^2)$.

2.2.4　流形间的光滑同胚

设 M, N 是两个光滑的 n 维微分流形,$f: M \to N$ 是同胚,如果$f: M \to N$ 和它的逆映射 $f^{-1}: N \to M$ 都是光滑映射,称 f 是 $M \to N$ 的**光滑同胚**,或称 f 是**微分同胚**(映射). 显然光滑同胚是流形间的一种等价关系.

若 M 与 N 是光滑同胚,则 M 与 N 之间存在着一个微分同胚映射 f,微分拓扑学研究的就是微分流形在微分同胚下不变的概念和性质.

在同一个拓扑流形上可能有不同的微分结构,但是它们所构造的两个微分流形可能是彼此微分同胚的.

例 2　在 $\boldsymbol{R}^1$ 上由恒同映射 id 可决定一个光滑结构 $\boldsymbol{A}_1 = \{(\boldsymbol{R}, \varphi)\}$,其中 $\varphi = id$. 由映射 $\phi: x \to x^3$, $\forall x \in \boldsymbol{R}$ 也可决定一个光滑结

构:$\boldsymbol{A}_2 = \{(\boldsymbol{R},\phi)\}$. 前面已经说明$\boldsymbol{A}_1,\boldsymbol{A}_2$不是$C^\infty$相容的,但是光滑流形$M_1 = (\boldsymbol{R},\boldsymbol{A}_1),M_2 = (\boldsymbol{R},\boldsymbol{A}_2)$是光滑同胚的.

实际上,考虑映射

$$f:M_1 \to M_2;\quad x \to \sqrt[3]{x},$$

那么,$\phi \circ f \circ \varphi^{-1} = id$,由此$f$是光滑的. 又$\varphi \circ f^{-1} \circ \phi^{-1} = id$,由此$f^{-1}$也是光滑的. 因此$M_1$与$M_2$是光滑同胚.

问题　在同一拓扑流形上,不同的微分结构所给出的不同的光滑流形是否一定光滑同胚?回答是否定的. 1965 年,J. Milnor 在 7 维球面上建立了一怪球结构,它与球面上标准的微分结构所建立的两个不同的微分流形不可能是微分同胚的.

1961 年,Kervaire 发现了一个 10 维拓扑流形,它全然没有微分结构.

这些工作是相当精深的,要想在微分流形上把拓扑结构与微分结构分开是十分困难的工作.

§2.3　切空间和余切空间

对于n维欧氏空间$\boldsymbol{R}^n$,设p是$\boldsymbol{R}^n$中的任意一点,$v = (v^1,\cdots,v^n) \in \boldsymbol{R}^n$是$p$点的任一切向量($\boldsymbol{R}^n$中过$p$点的一条曲线在$p$点的切向量),利用数学分析的知识,我们可以将$v$看作$C_p^\infty$上的一个算子,即

$$v:C_p^\infty \to \boldsymbol{R};f \mapsto v(f),$$

其中$v(f)$的定义是f在p点沿v的方向导数,即

$$v(f) = \frac{d}{dt}\Big|_{t=0} f(p + tv) = \lim_{t\to 0}\frac{f(p + tv) - f(p)}{t},(*)$$

不难看出算子v具有如下两个性质:设$f,g \in C_p^\infty,\lambda \in \boldsymbol{R}$,

(1)v是线性的,即

$$v(f + \lambda g) = v(f) + \lambda v(g);$$

(2)v满足 Leibniz 法则(v是一个导子)

$$v(fg)=f(p)v(g)+g(p)v(f).$$

上述两个性质是本质的,即如果 C_p^∞ 上的某个算子 $\tilde{v}$ 满足(1)、(2),则必存在 $\boldsymbol{R}^n$ 在 p 点的唯一一个切向量 v,使得 v 按(*)式诱导的算子恰为 $\tilde{v}$. 因此如果将满足(1)、(2)的算子称为 p 点的方向导数算子,则方向导数算子与切向量可看成是等价的.

现在我们直接以方向导数算子的形式在微分流形上引入切向量.

2.3.1　流形 M 在点 p 的切向量 X_p

定义 2.8　设 M 是 m 维光滑流形,$p\in M$,C_p^∞ 表示 M 在 p 点的所有光滑函数,即

$$C_p^\infty=\{f\mid f:M\to\boldsymbol{R},\text{且} f \text{在} p \text{点任意阶连续可导}\}.$$

流形在 p 点的切向量 X_p 是一个映射

$$X_p:C_p^\infty\to\boldsymbol{R}.$$

满足下列条件

(1) 线性:$\forall\alpha,\beta\in\boldsymbol{R}$ 及 $\forall f,g\in C^\infty(p)$,恒有

$$X_p(\alpha f+\beta g)=\alpha X_p(f)+\beta X_p(g).$$

(2) Leibniz-法则　$\forall f,g\in C_p^\infty$,

$$X_p(f\cdot g)=g(p)X_p(f)+f(p)X_p(g).$$

注　(1),(2)说明 M 在 p 点的一个切向量是 $C^\infty(p)$ 到 $\boldsymbol{R}$ 的线性映射,满足 Leibniz 法则.

例 1　设 $\sigma:(-\varepsilon,\varepsilon)\to M$ 是光滑流形 M 上经过 p 点的光滑曲线,$\sigma(0)=p$,则曲线 σ 确定了一个映射 $X_p:C^\infty(p)\to\boldsymbol{R}$,其定义是 $\forall f\in C^\infty(p)$,

$$X_p(f)=\frac{d(f\circ\sigma)}{dt}\Big|_{t=0}.$$

这里 $f\circ\sigma:(-\varepsilon,\varepsilon)\to\boldsymbol{R}$ 是光滑函数,t 是曲线 σ 的自变量. 可以证明 X_p 是 M 在 p 点的切向量. 事实上,X_p 是线性的,其次,$\forall f,g\in$

$C^\infty(p)$,

$$
\begin{aligned}
X_p(f\cdot g) &= \frac{d}{dt}((f\cdot g)\circ\sigma)\mid_{t=0}\\
&= \frac{d}{dt}[((f\circ\sigma)\cdot(g\circ\sigma)]_{t=0}\\
&= (f\circ\sigma)\frac{d}{dt}(g\circ\sigma)\mid_{t=0} + (g\circ\sigma)\cdot\frac{d}{dt}(f\circ\sigma)\mid_{t=0}\\
&= f(p)X_p(g) + g(p)X_p(f),
\end{aligned}
$$

即 X_p 满足 Leibniz 法则.

上面例 1 中所定义的切向量 X_p 称为流形 M 上的光滑曲线 $\sigma=\sigma(t)$ 在 $t=0$ 处的切向量,简记 $\sigma'(0)$.

一般地,曲线 σ 在 t 的切向量记为 $\sigma'(t)$,下面可以看出,流形 M 在 p 点的切向量可以看成光滑流形 M 上经过 p 点的一条光滑曲线在该点的切向量.

2.3.2 流形 M 在点 p 的切空间 $T_p(M)$

定义 2.9 设 M 是 m 维光滑流形,$p\in M$,M 在 p 点的切向量 X_p 的全体,称为 M 在 p 点的**切空间**,记为 $T_p(M)$,即

$$T_p(M) = \{X_p \mid X_p: C_p^\infty \to \boldsymbol{R}\ \text{为线性映射且满足 Leibniz 法则}\}$$

在 $T_p(M)$ 上引入加法及数乘. 对于 $\forall X_p, Y_P\in T_p(M)$ 及 $\lambda\in\boldsymbol{R}$,

$$
\begin{cases}
(X_p+Y_p)(f) = X_p(f)+Y_p(f), & \forall f\in C^\infty(p),\\
(\lambda X_p)(f) = \lambda X_p(f), & \forall f\in C^\infty(p).
\end{cases}
$$

显然,X_p+Y_p 及 $\lambda X_p\in T_p(M)$,从而 $T_p(M)$ 一定是一个线性空间.

下面进一步说明 $T_p(M)$ 的维数是 m 维.

在 $T_p(M)$ 中找出由 m 个切向量构成的基底.

设(U,φ)是 M 在 p 点的一个容许坐标图,其局部坐标为$(x^1,x^2,\cdots,x^m)$,则

$$\varphi(x) = (x^1(x),x^2(x),\cdots,x^m(x)),\ \forall x\in U,$$

$$\varphi(p) = (x_0^1, x_0^2, \cdots, x_0^m).$$

对于每个 i,作

$$\frac{\partial}{\partial x^i}: C_p^\infty \to \boldsymbol{R};\quad f \mapsto \frac{\partial}{\partial x^i}(f),$$

$$\frac{\partial}{\partial x^i}(f) = \frac{\partial(f\circ\varphi^{-1})}{\partial x^i}\Big|_{\varphi(p)},$$

其中 $f\circ\varphi^{-1}:\varphi(V)(\subset \boldsymbol{R}^m)\to\boldsymbol{R}$ 是 m 元可微函数

$$z = f\circ\varphi^{-1}(x^1, x^2, \cdots, x^n).$$

从而 $\frac{\partial(f\circ\varphi^{-1})}{\partial x^i}\Big|_{\varphi(p)}$ 是 $z = f\circ\varphi^{-1}(x^1, x^2, \cdots, x^n)$ 关于 x^i 在 $\varphi(p)$ 点的偏导数. 可以证明 $\left\{\frac{\partial}{\partial x^1}, \frac{\partial}{\partial x^2}, \cdots, \frac{\partial}{\partial x^n}\right\}$ 具有下列性质:

(1) $\frac{\partial}{\partial x^i} \in T_p(M), i = 1, 2, \cdots m.$

首先, $\frac{\partial}{\partial x^i}$ 具有 $\boldsymbol{R}$— 线性. 事实上, $\forall \alpha, \beta \in \boldsymbol{R}$ 及 $f, g \in C_p^\infty$,

$$\begin{aligned}\frac{\partial}{\partial x^i}(\alpha f + \beta g) &= \frac{\partial}{\partial x^i}((\alpha f + \beta g)\circ\varphi^{-1})\\ &= \frac{\partial}{\partial x^i}(\alpha(f\circ\varphi^{-1}) + \beta(g\circ\varphi^{-1}))\\ &= \alpha\frac{\partial(f\circ\varphi^{-1})}{\partial x^i} + \beta\frac{\partial(g\circ\varphi^{-1})}{\partial x^i}\\ &= \alpha\frac{\partial}{\partial x^i}(f) + \beta\frac{\partial}{\partial x^i}(g).\end{aligned}$$

其次, $\frac{\partial}{\partial x^i}$ 满足 Leibniz 法则. 事实上, $\forall f, g \in C_p^\infty$,

$$\begin{aligned}\frac{\partial}{\partial x^i}(f\cdot g) &= \frac{\partial}{\partial x^i}((f\cdot g)\circ\varphi^{-1})\varphi(p)\\ &= \frac{\partial}{\partial x^i}[(f\circ\varphi^{-1})\cdot(g\circ\varphi^{-1})]\Big|_{\varphi(p)}\end{aligned}$$

$$= (f\circ\varphi^{-1})(\varphi(p))\cdot\frac{\partial}{\partial x^i}(g\circ\varphi^{-1})_{\varphi(p)}$$

$$+ (g\circ\varphi^{-1})(\varphi(p))\cdot\frac{\partial}{\partial x^i}(f\circ\varphi^{-1})_{\varphi(p)}$$

$$= f(p)\,\frac{\partial}{\partial x^i}(g)\mid_p + g(p)\,\frac{\partial}{\partial x^i}(f)\mid_p.$$

总之,$\frac{\partial}{\partial x^i}\in T_p(M),\forall i=1,2,\cdots,m.$

(2) 由于坐标函数 $x^j=\pi_j\circ\varphi:M\to\boldsymbol{R}$ 是 C^∞ -函数,因此,

$$\frac{\partial}{\partial x^i}(x^j)=\frac{\partial}{\partial x^i}(x^j\circ\varphi^{-1})(x^1,\cdots,x^m)\mid_{\varphi(p)}$$

$$=\frac{\partial}{\partial x^i}(\pi_j\circ\varphi\circ\varphi^{-1})(x^1,\cdots,x^m)\mid_{\varphi(p)}$$

$$=\frac{\partial x^j}{\partial x^i}=\delta^j_i.$$

(3) 对于任意 $X_p\in T_p(M)$,在常值函数上作用等于零. 这是因为,由 Leibniz 法则

$$X_p(1)=X_p(1\cdot1)=2X_p(1),$$

故

$$X_p(1)=0.$$

从而对任意常数 C,由 X_p 的线性

$$X_p(C)=X_p(C\cdot1)=CX_p(1)=0,$$

于是$\frac{\partial}{\partial x^i}(C)=0,\forall i.$

(4) $\frac{\partial}{\partial x^1},\cdots,\frac{\partial}{\partial x^m}$ 作为线性空间 $T_p(M)$ 中的 m 个元素,一定是线性无关. 事实上,若

$$\lambda_1\frac{\partial}{\partial x^1}+\lambda_2\frac{\partial}{\partial x^2}+\cdots+\lambda_m\frac{\partial}{\partial x^m}=0,$$

它作用在每个坐标函数 $x^1,\cdots,x^m$ 上,

$$0=\sum_{i=1}^{m}\lambda_i\frac{\partial}{\partial x^i}(x^j)=\sum_i\lambda_i\delta_i^j=\lambda_j,\forall j,$$

故$\frac{\partial}{\partial x^1},\frac{\partial}{\partial x^2},\cdots,\frac{\partial}{\partial x^m}$线性无关.

(5) $Z_p=\sum_{i=1}^{m}Z_p(x^i)\frac{\partial}{\partial x^i}$.

综上所述，$\{\frac{\partial}{\partial x^i}\mid 1\leqslant i\leqslant m\}$是$T_p(M)$的一个基，称为$M$在$p$点局部坐标系$(U,\varphi;x^i)$的**自然基(或局部基)**，从而对任意$X_p\in T_p(M)$，

$$X_p=\sum_{i=1}^{m}a^i\frac{\partial}{\partial x^i}.$$

其中$a^i=X_p(x^i)$，称为切向量X_p关于**自然基底的分量**.

例2　求流形M上的一光滑曲线

$$\sigma:(-\varepsilon,\varepsilon)\to M;\sigma=(\sigma(t))$$

在$p=\sigma(0)$点的切向量$\sigma'(0)$关于局部基$\{\frac{\partial}{\partial x^i}\}$的表示式.

设$(V,\varphi;x^i)$为M在$p=\sigma(0)$点的局部坐标系，$X_p=\sigma'(0)$由曲线的切向量的定义，$\forall f\in C^\infty(p)$，

$$\begin{aligned}X_p(f)&=\frac{df\circ\sigma}{dt}\Big|_{t=0}=\frac{d}{dt}\Big|_{t=0}((f\circ\varphi^{-1})\circ(\varphi\circ\sigma))\\&=\frac{d}{dt}\Big|_{t=0}(f\circ\varphi^{-1}(x^1(t),x^2(t),\cdots,x^m(t)))\\&=\sum_{i=1}^{m}\frac{\partial(f\circ\varphi^{-1})}{\partial x^i}\Big|_{\varphi(p)}\cdot\frac{dx^i(t)}{dt}\Big|_{t=0}\\&=\sum_{i=1}^{m}\frac{dx^i(0)}{dt}\frac{\partial}{\partial x^i}(f).\end{aligned}$$

因此

$$\sigma'(0)=\sum_{i=1}^{m}\frac{dx^i(0)}{dt}\frac{\partial}{\partial x^i}.$$

于是流形上光滑曲线$\sigma = \sigma(t), t \in (-\varepsilon, \varepsilon)$在$t = 0$点的切向量$\dot{\sigma}(0)$在自然基底下的分量恰是曲线$\sigma = \sigma(t)$在局部坐标下的参数方程的导数$\frac{dx^i(0)}{dt}$.

下面说明对于$\forall X_p \in T_p(M)$,一定存在流形M上经过p点的光滑曲线σ,使得

$$X_p = \sigma'(0),$$

即X_p就是该曲线在$t = 0$点的切向量.

事实上,设$(V, \varphi; x^i)$是M在p点的局部坐标系,

$$X_p = \sum_{i=1}^{m} a^i \frac{\partial}{\partial x^i}, a^i = X_p(x^i).$$

设所求的曲线为$\sigma = \sigma(t), \sigma(0) = p$,则

$$\dot{\sigma}(0) = \sum_{i=1}^{m} \frac{dx^i(0)}{dt} \cdot \frac{\partial}{\partial x^i},$$

要使$X_p = \sigma'(0)$,取$\frac{dx^i(0)}{dt} = a^i$,为此作M上经过$p = \sigma(0)$点的光滑曲线$\sigma: (-\varepsilon, \varepsilon) \to M, \sigma = \sigma(t)$,它的局部表示为

$$x^i(t) = x_0^i + a^i t,$$

其中$(x_0^1, \cdots, x_0^i, \cdots, x_0^m)$是$p$点的局部坐标. 此时,该曲线在$t = 0$点的切向量为

$$\begin{aligned} \sigma'(0) &= \sum_{i=1}^{m} \frac{dx^i(0)}{dt} \cdot \frac{\partial}{\partial x^i} \\ &= \sum_{i=1}^{m} a^i \frac{\partial}{\partial x^i} = X_p. \end{aligned}$$

这里要注意曲线$\sigma = \sigma(t)$在$t = 0$的切向量$\sigma'(0) = \frac{d\sigma}{dt}\Big|_{t=0}$的分量只与该曲线的参数方程

$$\varphi \circ \sigma(t) = \{x^1(\sigma(t)), x^2(\sigma(t)), \cdots, x^m(\sigma(t))\}$$

的一阶导数$\frac{dx^i}{dt}\Big|_{t=0}$有关.

最后,讨论 $T_p(M)$ 中的基变换.

设(U,φ)及(V,ψ)分别是 M 在 p 点的坐标图,$(x^1,\cdots,x^m)$ 及 $(y^1,\cdots,y^m)$ 分别是它的局部坐标,且

$$\varphi(p)=(x_0^1,\cdots,x_0^m),\psi(p)=(y_0^1,\cdots,y_0^m).$$

从而,其坐标变换:$\psi\circ\varphi^{-1}:\varphi(U\cap V)\to\psi(U\cap V)$

$$\begin{cases} y^1=y^1(x^1,\cdots,x^m), \\ \vdots \\ y^m=y^m(x^1,\cdots,x^m). \end{cases}$$

对于任意$f\in C_p^\infty$,由$\dfrac{\partial}{\partial x^i}$的定义

$$\begin{aligned} \frac{\partial}{\partial x^i}(f) &\triangleq \frac{\partial(f\circ\varphi^{-1})}{\partial x^i}\Big|_{\varphi(p)} \\ &= \frac{\partial}{\partial x^i}(f\circ\psi^{-1}\circ\psi\circ\varphi^{-1})\Big|_{\varphi(p)} \\ &= \frac{\partial}{\partial x^i}(f\circ\psi^{-1})(y^1(x^1,\cdots,x^m),\cdots,y^m(x^1,\cdots,x^m)) \\ &= \sum_{j=1}^m \frac{\partial(f\circ\psi^{-1})}{\partial y^j}\cdot\frac{\partial y^j}{\partial x^i} \\ &= \sum_{j=1}^m \frac{\partial y^j}{\partial x^i}\cdot\frac{\partial}{\partial y^j}(f). \end{aligned}$$

于是

$$\frac{\partial}{\partial x^i}=\sum_{j=1}^m\frac{\partial y^j}{\partial x^i}\frac{\partial}{\partial y^j},$$

或

$$\begin{pmatrix} \frac{\partial}{\partial x^1} \\ \frac{\partial}{\partial x^2} \\ \vdots \\ \frac{\partial}{\partial x^m} \end{pmatrix} = \begin{pmatrix} \frac{\partial y^1}{\partial x^1} & \frac{\partial y^2}{\partial x^1} & \cdots & \frac{\partial y^m}{\partial x^1} \\ \frac{\partial y^1}{\partial x^2} & \frac{\partial y^2}{\partial x^2} & \cdots & \frac{\partial y^m}{\partial x^2} \\ \cdots & \cdots & \cdots & \cdots \\ \frac{\partial y^1}{\partial x^m} & \frac{\partial y^2}{\partial x^m} & \cdots & \frac{\partial y^m}{\partial x^m} \end{pmatrix} \begin{pmatrix} \frac{\partial}{\partial y^1} \\ \frac{\partial}{\partial y^2} \\ \vdots \\ \frac{\partial}{\partial y^m} \end{pmatrix}.$$

由此可见,由基底$\left\{\frac{\partial}{\partial y^i}\right\}$变为$\left\{\frac{\partial}{\partial x^i}\right\}$的过渡矩阵,正好是由局部坐标$(x^1,\cdots,x^m)$变为$(y^1,\cdots,y^m)$的变换$\psi\circ\varphi^{-1}$的 Jacobi 矩阵,即

$$\frac{\partial}{\partial y^i} = \sum_{j=1}^{m} \frac{\partial x^j}{\partial y^i}\cdot\frac{\partial}{\partial x^j}.$$

切空间是微分流形上十分重要的构造,它是微分结构的产物,由于微分流形在每一点都有切空间这样的线性结构,线性代数就成为研究微分流形的一个重要工具,此外还有外代数、李群、李代数等.

2.3.3 流形 M 在点 p 的余切向量与余切空间

1. 基本概念

定义 2.10 设 M 是 m 维微分流形,$p\in M$,M 在 p 点的切空间 $T_p(M)$ 的对偶空间称为 M 在 p 的**余切空间**,记为 $T_p^*(M)$,即 $T_p(M)$ 上所有的线性函数

$$\begin{aligned} T_p^*(M) &\triangleq \mathscr{L}(T_p(M);\boldsymbol{R}) \\ &= \{\omega_p \mid \omega_p: T_p(M)\to\boldsymbol{R},\omega_p\text{ 是线性的}\}. \end{aligned}$$

$T_p^*(M)$ 中的元素称为 M 在 p 点的余切向量.

为方便起见,常把余切向量 ω_p 在切向量 X_p 上的值 $\omega_p(X_p)$ 记为 $\langle\omega_p,X_p\rangle$,即

$$\omega_p(X_p) = \langle\omega_p,X_p\rangle.$$

则$\langle \omega_p, X_p \rangle$ 是 $T_p^*(M) \times T_p(M)$ 上的双线性函数.

注　(i) 在 $T_p^*(M)$ 上定义加法及数乘

$$\begin{cases} (\omega_p + \theta_p)(X_p) = \omega_p(X_p) + \theta_p(X_p), \\ (\lambda\omega_p)(X_p) = \lambda \cdot \omega_p(X_p). \end{cases}$$

其中 $\lambda \in R, X_p, Y_p \in T_p(M)$，则 $T_p^*(M)$ 是线性空间.

(ii) 对于 M 上任意给定的光滑函数 f，只要 $f \in C_p^\infty$，就确定了一个 M 在 p 点的余切向量，记为 $df|_p$.

事实上

$$df|_p : T_p(M) \to R,$$
$$df|_p(X_p) \triangleq X_p(f),$$

其中 $X_p \in T_p(M)$. 则 $df|_p \in T_p^*(M)$，只要证明 $df|_p$ 是 $T_p(M)$ 上的线性函数，而这是显然的，将 $df|_p$ 称为**函数 f 在 p 点的微分**.

(iii) 设$(V, \varphi; x^i)$ 是 M 在 p 点的局部坐标系，由于 $x^i = \pi^i \circ \varphi$ 是 M 上的光滑函数，从而由(ii)，它就确定了 m 个余切向量

$$dx^1, dx^2, \cdots, dx^m.$$

它作用在$\left\{\frac{\partial}{\partial x^i}\right\}$ 上，有

$$dx^i\left\{\frac{\partial}{\partial x^j}\right\} = \frac{\partial x^i}{\partial x^j} = \delta_j^i.$$

因此$\{dx^1, \cdots, dx^m\}$ 是$\left\{\frac{\partial}{\partial x^1}, \cdots, \frac{\partial}{\partial x^m}\right\}$ 对偶基，即$\{dx^i\}$ 是 $T_p^*(M)$ 上的基，从而 $T_p^*(M)$ 是 m 维线性空间.

2. 余切向量的局部坐标表示

设$(V, \varphi; x^i)$ 是 M 在 p 点的局部坐标系，$\left\{\frac{\partial}{\partial x^i}\right\}$，$\{dx^i\}$ 分别是 $T_p(M)$，$T_p^*(M)$ 的自然基底，对于 $\forall X_p \in T_p(M)$，有

$$X_p = \sum_{i=1}^m a^i \frac{\partial}{\partial x^i} = \sum_{i=1}^m X_p(x^i) \frac{\partial}{\partial x^i}.$$

设 $\omega_p \in T_p^*(M)$，

$$\omega_p(X_p) = \sum_{i=1}^m a^i \omega_p(\frac{\partial}{\partial x^i})$$
$$= \sum_{i=1}^m X_p(x^i)\omega_p(\frac{\partial}{\partial x^i}),$$

但 $dx^i(X_p) = X_p(x^i)$. 从而

$$\omega_p(X_p) = \sum_{i=1}^m \omega_p(\frac{\partial}{\partial x^i}) \cdot dx^i(X_p),$$

于是

$$\omega_p = \sum_{i=1}^m \omega_p(\frac{\partial}{\partial x^i}) \cdot dx^i.$$

特别 $\forall f \in C_p^\infty$，

$$df = \sum_{i=1}^m df(\frac{\partial}{\partial x^i}) \cdot dx^i$$
$$= \sum_{i=1}^m \frac{\partial f}{\partial x^i}\Big|_p dx^i$$
$$= \sum_{i=1}^m \frac{\partial(f \circ \varphi^{-1})}{\partial x^i}\Big|_{\varphi(p)} dx^i,$$

即 $df|_p$ 就是函数 f 在 p 点的普通微分.

3. 对偶基的变换及余切向量的变换

设 $(U,\varphi;x^i)$ 及 $(V,\psi;y^i)$ 是 M 在 p 点的两个局部坐标系，其坐标变换为

$$\psi \circ \varphi^{-1}: \varphi(U \cap V) \to \psi(U \cap V)(\subset \mathbf{R}^m),$$
$$\psi \circ \varphi^{-1}(x^1,\cdots,x^m) = (y^1,\cdots,y^m),$$

即

$$\begin{cases} y^1 = y^1(x^1,\cdots,x^m), \\ y^2 = y^2(x^1,\cdots,x^m), \\ \vdots \\ y^m = y^m(x^1,\cdots,x^m), \end{cases}$$

于是$\{\frac{\partial}{\partial x^i}\}$，$\{\frac{\partial}{\partial y^i}\}$是$T_p(M)$的两组基，$\{dx^i\}$，$\{dy^i\}$是$T_p^*(M)$的两组基，我们有

$$\frac{\partial}{\partial y^i}=\sum_{j=1}^m\frac{\partial x^j}{\partial y^i}\frac{\partial}{\partial x^j};\ \frac{\partial}{\partial x^i}=\sum_{j=1}^m\frac{\partial y^j}{\partial x^i}\frac{\partial}{\partial y^j}.$$

由于映射$\psi\circ\varphi^{-1}:(x^1,\cdots,x^m)\mapsto(y^1,\cdots,y^m)$及逆映射$\varphi\circ\psi^{-1}:(y^1,\cdots,y^m)\mapsto(x^1,\cdots,x^m)$的Jacobi矩阵互为逆矩阵，即

$$\sum_{k=1}^m\frac{\partial y^i}{\partial x^k}\cdot\frac{\partial x^k}{\partial y^j}=\delta_j^i;\sum_{k=1}^m\frac{\partial x^i}{\partial y^k}\cdot\frac{\partial y^k}{\partial x^j}=\delta_j^i.$$

设$dy^i=\sum_{k=1}^m\lambda_k^i dx^k$，

$$\begin{aligned}\delta_j^i=dy^i(\frac{\partial}{\partial y^j})&=\sum_{k=1}^m\lambda_k^i dx^k(\frac{\partial}{\partial y^j})\\&=\sum_{k=1}^m\lambda_k^i dx^k(\sum_{l=1}^m\frac{\partial x^l}{\partial y^j}\cdot\frac{\partial}{\partial x^l})\\&=\sum_{k=1}^m\sum_{l=1}^m\lambda_k^i\cdot\frac{\partial x^l}{\partial y^j}dx^k(\frac{\partial}{\partial x^l})\\&=\sum_{k=1}^m\sum_{l=1}^m\lambda_k^i\frac{\partial x^l}{\partial y^j}\delta_l^k\\&=\sum_k\lambda_k^i\frac{\partial x^k}{\partial y^i}.\end{aligned}$$

这表示矩阵(λ_k^i)与矩阵$(\frac{\partial x^k}{\partial y^i})$互为逆矩阵，即

$$(\lambda_k^i)=(\frac{\partial y^i}{\partial x^k}).$$

从而

$$dy^i=\sum_{j=1}^m\frac{\partial y^i}{\partial x^j}dx^j,$$

或

$$dx^i = \sum_{j=1}^{m} \frac{\partial x^i}{\partial y^j} dy^j.$$

此即为对偶基的变换公式,用矩阵表示为

$$\begin{pmatrix} dy^1 \\ dy^2 \\ \vdots \\ dy^m \end{pmatrix} = \begin{pmatrix} \frac{\partial y^1}{\partial x^1} & \frac{\partial y^1}{\partial x^2} & \cdots & \frac{\partial y^1}{\partial x^m} \\ \frac{\partial y^2}{\partial x^1} & \frac{\partial y^2}{\partial x^2} & \cdots & \frac{\partial y^2}{\partial x^m} \\ \cdots & \cdots & \cdots & \cdots \\ \frac{\partial y^m}{\partial x^1} & \frac{\partial y^m}{\partial x^2} & \cdots & \frac{\partial y^m}{\partial x^m} \end{pmatrix} \begin{pmatrix} dx^1 \\ dx^2 \\ \vdots \\ dx^m \end{pmatrix},$$

又设余切向量 ω_p 在 $\{dx^i\}$, $\{dy^i\}$ 下的分解式为

$$\omega_p = \sum_{i=1}^{m} \alpha_i dx^i, \omega_p = \sum_{i=1}^{m} \beta_i dy^i.$$

则

$$\begin{aligned} \sum_{i=1}^{m} \alpha_i dx^i &= \sum_{i=1}^{m} \beta_i dy^i \\ &= \sum_{i=1}^{m} \beta_i \left(\sum_{j=1}^{m} \frac{\partial y^i}{\partial x^j} dx^j \right) \\ &= \sum_{i=1}^{m} \left(\sum_{j=1}^{m} \beta_j \frac{\partial y^j}{\partial x^i} \right) dx^i. \end{aligned}$$

于是

$$\alpha_i = \sum_{j=1}^{m} \beta_j \frac{\partial y^j}{\partial x^i},$$

同理

$$\beta_i = \sum_{j=1}^{m} \alpha_j \frac{\partial x^j}{\partial y^i}.$$

§2.4　切映射与余切映射

2.4.1　切映射

光滑流形 M^m 与 N^n 之间的光滑映射 $F:M\to N$,自然可以诱导出在对应点的切空间之间的线性映射,实际上,任意 $p\in M$,作映射

$$F_{*p}:T_p(M)\to T_{F(p)}(N),$$

对于任意 $X_p\in T_p(M)$ 及 $g\in C^\infty_{F(p)}$,

$$F_{*p}(X_p)(g)\triangleq X_p(g\circ F),\qquad (*)$$

称 F_{*p} 为映射 F 的**切映射**.

注　(i) 首先(*) 有意义

这是因为 F 是光滑的,而 $g\in C^\infty(N,\boldsymbol{R})$,从而 $g\circ F\in C^\infty(M,\boldsymbol{R})$.

其次 $F_{*p}(X_p)\in T_{F(p)}(N)$,这是因为

(1) $F_{*p}(X_p):C^\infty(N)\to\boldsymbol{R}$ 是线性的

$\forall\alpha,\beta\in\boldsymbol{R},g_1,g_2\in C^\infty(N)$,

$$\begin{aligned}F_{*p}(X_p)(\alpha g_1+\beta g_2)&=X_p[(\alpha g_1+\beta g_2)\circ F]\\&=X_p(\alpha g_1\circ F+\beta g_2\circ F)\\&=\alpha X_p(g_1\circ F)+\beta X_p(g_2\circ F)\\&=\alpha F_{*p}(X_p)(g_1)+\beta F_{*p}(X_p)(g_2).\end{aligned}$$

(2) $F_{*p}(X_p)$ 满足 Leibniz 法则

$$\begin{aligned}F_{*p}(X_p)(g_1\cdot g_2)&=X_p[(g_1\cdot g_2)\circ F]\\&=X_p[(g_1\circ F)\cdot(g_2\circ F)]\\&=(g_1\circ F)_p\cdot X_p(g_2\circ F)+(g_2\circ F)_p\cdot X_p(g_1\circ F)\\&=g_1(F(p))F_{*p}(X_p)(g_2)+g_2(F(p))F_{*p}(X_p)(g_1).\end{aligned}$$

(ii) F_{*p} 一定是 $T_p(M)$ 到 $T_{F(p)}(N)$ 的线性映射,对于任意 $\alpha,\beta\in\boldsymbol{R},X_p,Y_p\in T_p(M)$ 恒有

$$F_{*p}(\alpha X_p+\beta Y_p)=\alpha F_{*p}(X_p)+\beta F_{*p}(Y_p).$$

(iii) F_{*p} 在基上的作用

设 $(U,\varphi;x^i)$，$(V,\psi;y^i)$ 分别是 M^m 在 p 点及 N^n 在 $F(p)$ 点的局部坐标系. $\{\frac{\partial}{\partial x^i}\}$，$\{\frac{\partial}{\partial y^i}\}$ 分别是 $T_p(M)$ 及 $T_{F(p)}(N)$ 的局部自然基底，从而 $F_{*p}(\frac{\partial}{\partial x^i})\in T_{F(p)}(N)$. 于是

$$F_{*p}(\frac{\partial}{\partial x^i})=\sum_{j=1}^m\lambda_i^j\cdot\frac{\partial}{\partial y^j},i=1,2,\cdots,m.$$

对于 N 上的坐标函数 y^k

$$F_{*p}(\frac{\partial}{\partial x^i})(y^k)=\sum_{j=1}^m\lambda_i^j\cdot\frac{\partial}{\partial y^j}(y^k),$$

即

$$\frac{\partial}{\partial x^i}(y^k\circ F)=\sum_{j=1}^m\lambda_i^j\delta_j^k=\lambda_i^k,$$

从而

$$F_{*p}(\frac{\partial}{\partial x^i})=\sum_{j=1}^m\frac{\partial(y^j\circ F)}{\partial x^i}\frac{\partial}{\partial y^j}.$$

问题 $\{F_{*p}(\frac{\partial}{\partial x^i})\}_{i=1}^m$ 是否构成 $T_{F(p)}(N^n)$ 的基.

(iv) 切映射的链法则

设 $F:M^m\to\widetilde{N},G:\widetilde{N}\to N^n$，则 $G\circ F:M\to N$. 从而 $(G\circ F)_{*p}$: $T_p(M)\to T_{G(F(p))}(N)$，于是 $\forall g\in C^\infty(N,R)$，

$$\begin{aligned}(G\circ F)_{*p}(X_p)(g)&=X_p(g\circ(G\circ F))\\&=X_p[(g\circ G)\circ F]\\&=F_{*p}(X_p)(g\circ G)\\&=G_{*F(p)}(F_{*p}(X_p))(g),\end{aligned}$$

即

$$(G\circ F)_{*p}=G_{*F(p)}\circ F_{*p}.$$

有时将F_{*p}称为映射F的微分，记为$dF|_p$，即$F_{*p} \triangleq dF|_p$. 于是上式为$d(G\circ F) = dG\circ dF$.

(v) 流形上一光滑曲线$\sigma:(-\varepsilon,\varepsilon)\to M$在一点的切向量为$\sigma'(t)$，可以由$\sigma_{*t}$产生.

设$\frac{d}{dt}$表示直线段$(-\varepsilon,\varepsilon)$在$t$点的切向量，从而

$$\sigma_{*p}\left(\frac{d}{dt}\right) = \frac{d\sigma}{dt} \triangleq \sigma'(t) \in T_{\sigma(t)}(M),$$

于是

$$\sigma_{*p}\left(\frac{d}{dt}\right)(f) = \frac{d}{dt}(f\circ\sigma), f\in C^\infty(M,R).$$

在局部坐标系$(U,\varphi;x^i)$下，

$$\varphi(\sigma(t)) = (x^1(\sigma(t)),x^2(\sigma(t)),\cdots,x^m(\sigma(t))),$$

$$\begin{aligned}\sigma_{*p}\left(\frac{d}{dt}\right)(f) &= \frac{d}{dt}(f\circ\sigma)\\ &= \sum_{i=1}^m \frac{\partial f}{\partial x^i}\frac{dx^i(\sigma(t))}{dt}\\ &= \sum_{i=1}^m \frac{dx^i(\sigma(t))}{dt}\cdot\frac{\partial}{\partial x^i}(f).\end{aligned}$$

因此

$$\sigma'(t) = \sigma_{*p}\left(\frac{d}{dt}\right) = \sum_{i=1}^m \frac{dx^i(\sigma(t))}{dt}\cdot\frac{\partial}{\partial x^i}.$$

2.4.2　余切映射

设$F:M^m\to N^n$是C^∞映射，$p\in M$，$T_p^*(M)$，$T_{F(p)}^*(N)$分别是M，N在p及$F(p)$的余切空间.

作映射$F_p^*:T_{F(p)}^*(N)\to T_p^*(M)$. 定义如下$\forall\,\omega_{F(p)}\in T_{F(p)}^*(N)$，及$\forall X_p\in T_p(M)$，

$$F_p^*(\omega_{F(p)})(X_p) \triangleq \omega_{F(p)}(F_{*p}(X_p)).$$

首先说明　　$F_p^*(\omega_{F(p)}) \in T_p^*(M) = \boldsymbol{L}(T_p(M);\boldsymbol{R})$.

事实上, $\forall \alpha,\beta \in \boldsymbol{R}, X_p, Y_p \in T_p(M)$,

$$\begin{aligned} F_p^*(\omega_{F(p)})(\alpha X_p + \beta Y_p) &= \omega_{F(p)}(F_{*p}(\alpha X_p + \beta Y_p)) \\ &= \omega_{F(p)}(\alpha F_{*p}(X_p) + \beta F_{*p}(Y_p)) \\ &= \alpha\omega_{F(p)}(F_{*p}(X_p)) + \beta\omega_{F(p)}(F_{*p}(Y_p)) \\ &= \alpha F_p^*(\omega_{p(p)})(X_p) + \beta F_p^*(\omega_{F(p)})(Y_p). \end{aligned}$$

称 $F_p^*: T_{F(p)}^*(N) \to T_p^*(M)$ 为映射 $F: M \to N$ 的**余切映射**,或称为**拉回映射**,可以证明 F_p^* 是线性的. 事实上, $\forall \alpha,\beta \in \boldsymbol{R}, \omega_{F(p)}, \theta_{F(p)} \in T_{F(p)}^*(N)$,及 $\forall X_p \in T_p(M)$,

$$\begin{aligned} & F_p^*(\alpha\omega_{F(p)} + \beta\theta_{F(p)})(X_p) \\ &= (\alpha\omega_{F(p)} + \beta\theta_{F(p)})F_{*p}(X_p) \\ &= \alpha\omega_{F(p)}(F_{*p}(X_p)) + \beta\theta_{F(p)}(F_{*p}(X_p)) \\ &= \alpha F_p^*(\omega_{F(p)})(X_p) + \beta F_p^*(\theta_{F(p)})(X_p). \end{aligned}$$

于是 M 到 N 上的光滑映射 F,诱导了切空间与余切空间之间的两个线性映射 F_{*p}、F_p^*. 它们之间有如下的交换图:

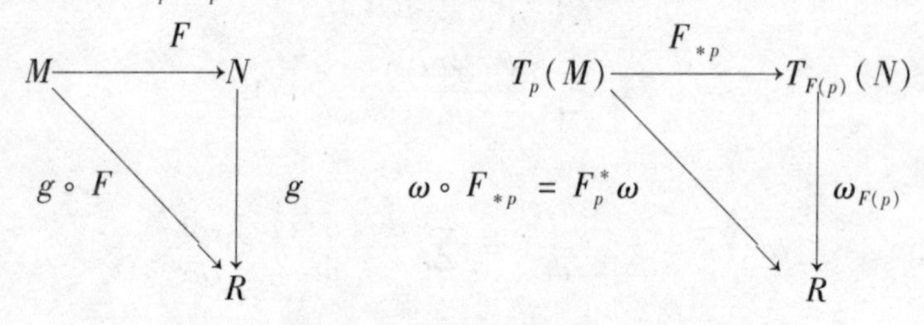

$$F_p^* \circ \omega_{F(p)} = \omega_{F(p)} \circ F_{*p}.$$

下面给出余切映射的几点性质.

(1) 设 $F: M \to M$ 是流形 M 上的恒同映射,则

$$F_{*p}: T_p(M) \to T_p(M),$$

$$F_p^*: T_p^*(M) \to T_p^*(M)$$

也是恒等映射.

(2) 设 $F: M \to N$ 是光滑映射, $p \in M$,对于任意 $g \in C^\infty(N,\boldsymbol{R})$,

$dg|_{F(p)} \in T^*_{F(p)}(N)$，则

$$F_p^*(dg|_{F(p)}) = dg \circ F_{*p} = dg|_{F(p)} \circ dF|_p = d(g \circ F)_p,$$

即

$$F_p^*(dg|_{F(p)}) = d(g \circ F)_p.$$

(3) 设 $F:M \to \widetilde{N}, G:\widetilde{N} \to N$，则 $G \circ F:M \to N$，从而 $(G \circ F)_p^*:$ $T^*_{G \circ F(p)}(N) \to T_p^*(M)$ 且

$$(G \circ F)_p^* = F_p^* \circ G^*_{F(p)}.$$

事实上，$\forall \omega_{G(F(p))} \in T^*_{G(F(p))}(N)$ 及 $X_p \in T_p(M)$，有

$$\begin{aligned}
&(G \circ F)_p^*(\omega_{G(F(p))})(X_p) \\
&= \omega_{G(F(p))}((G \circ F)_{*p}(X_p)) \\
&= \omega_{G(F(p))}((G_{*F(p)} \circ F_{*p}(X_p)) \\
&= G^*_{(F(p))}(\omega_{G(F(p))})(F_{*p}(X_p)) \\
&= F_p^*(G^*_{F(p)}(\omega_{G(F(p))})(X_p).
\end{aligned}$$

从而

$$(G \circ F)_p^* = F_p^* \circ G^*_{F(p)}.$$

(4) 余切映射在基上的作用

设 $F:M \to N$ 是 C^∞ 映射，$p \in M$，$(U,\varphi;x^i)$ 及 $(V,\psi;y^i)$ 分别是 M,N 在 p 及 $F(p)$ 的局部坐标系，则 $F_p^*(dy^i|_{F(p)}) \in T_p^*(M)$. 且由性质(2)

$$\begin{aligned}
F_p^*(dy^i|_{F(p)}) &= d(y^i \circ F)_p \\
&= \sum_{j=1}^{m} \frac{\partial(y^i \circ F)}{\partial x^j}\Big|_p dx^j|_p.
\end{aligned}$$

用矩阵表示为

$$F_p^* \begin{pmatrix} dy^1 \\ dy^2 \\ \vdots \\ dy^n \end{pmatrix}_{F(p)} = \begin{pmatrix} \dfrac{\partial y^1 \circ F}{\partial x^1} & \cdots & \dfrac{\partial y^1 \circ F}{\partial x^m} \\ \vdots & & \vdots \\ \dfrac{\partial y^n \circ F}{\partial x^1} & \cdots & \dfrac{\partial y^n \circ F}{\partial x^m} \end{pmatrix} \begin{pmatrix} dx^1 \\ dx^2 \\ \vdots \\ dx^m \end{pmatrix},$$

为 F 的 Jacobian 矩阵 $J(F)$，于是

$$J(F_p^*) = J(F) = J(F_{*p})^t.$$

(5) 余切向量 $F_p^*(\omega_{F(p)})$ 的局部表示

设 $(U,\varphi;x^i)$ 及 $(V,\psi;y^i)$ 分别是 M,N 在 p 及 $F(p)$ 的局部坐标系，则

$$\omega_{F(p)} = \sum_{i=1}^{n} \omega_{F(p)}(\frac{\partial}{\partial y^i}|_{F(p)}) dy^i|_{F(p)},$$

从而

$$\begin{aligned} F_p^*(\omega_{F(p)}) &= \sum_{i=1}^{n} \omega_{F(p)}(\frac{\partial}{\partial y^i}|_{F(p)}) F_p^*(dy^i|_{F(p)}) \\ &= \sum_{i=1}^{n} \omega_{F(p)}(\frac{\partial}{\partial y^i}|_{F(p)}) \sum_{j=1}^{m} \frac{\partial y^i \circ F}{\partial x^j}|_p dx^j|_p \\ &= \sum_{i=1}^{m} (\sum_{j=1}^{n} \omega_{F(p)}(\frac{\partial}{\partial y^j}) \frac{\partial y^j \circ F}{\partial x^i}) dx^i. \end{aligned}$$

§2.5 子流形

2.5.1 光滑映射的进一步讨论

设 M^m,N^n 分别是 m 维及 n 维微分流形，$F:M\to N$ 是 C^∞ 映射，$p\in M$. 又设 $(U,\varphi;x^i)$ 及 $(V,\psi;y^i)$ 分别是 M,N 在 p 与 $F(p)$ 点局部坐标系，于是其坐标变换为

$$\begin{aligned} \psi\circ F\circ\varphi^{-1}:\varphi(U)(\subset \boldsymbol{R}^m) &\to \psi(V)(\subset \boldsymbol{R}^n), \\ (x^1,\cdots,x^m) &\mapsto (y^1,\cdots,y^m) \\ &= (y^1\circ F(x^1,\cdots,x^m), \\ &\quad \cdots, y^n\circ F(x^1,\cdots,x^m)). \end{aligned}$$

矩阵

$$\begin{pmatrix} \frac{\partial y^1 \circ F}{\partial x^1} & \cdots & \frac{\partial y^1 \circ F}{\partial x^m} \\ \vdots & & \vdots \\ \frac{\partial y^n \circ F}{\partial x^1} & \cdots & \frac{\partial y^n \circ F}{\partial x^m} \end{pmatrix}_{n\times m}$$

记为 $J(F)$. 它的秩称为映射 F 在 p 点的秩,记为 $\mathrm{rank}_p(F)$.

注　(i) 设 $\{\frac{\partial}{\partial x^i}\}$, $\{\frac{\partial}{\partial y^\alpha}\}$ 分别是 M,N 在 p 及 $F(p)$ 点的局部基,则

$$F_{*p}(\frac{\partial}{\partial x^i}) = \sum_{\alpha=1}^{n} \frac{\partial y^\alpha \circ F}{\partial x^i} \frac{\partial}{\partial y^\alpha}.$$

因此,$\mathrm{rank}_p(F)$ 正好就是 $F_{*p}(\frac{\partial}{\partial x^1}),\cdots,F_{*p}(\frac{\partial}{\partial x^m})$ 极大线性无关组所含向量的个数.

(ii) 映射 F 在各点的秩未必相同,但是如果

$$\mathrm{rank}_p(F) = k = \min(m,n),$$

则 F 在 p 点某个邻域内必有相同的秩 k.

事实上,由于 $\mathrm{rank}_p(F) = k$,则 $J(F)$ 必有一个 k 阶子矩阵的行列式在 p 点不为 0,由于该子矩阵的每个元素都是 m 元的连续函数,从而,这个 k 阶子列式的值一定在 p 点的某个邻域内处处不为零,而 $k = \min(m,n)$,从而 F 在该邻域内的秩均为 k.

(iii) 当 $\mathrm{rank}_p(F) = m$,则 $F_{*p}(\frac{\partial}{\partial x^1}),\cdots,F_{*p}(\frac{\partial}{\partial x^m})$ 线性无关,此时 $F_{*p}:T_p(M)\to T_{F(p)}(N)$ 一定是非退化的线性映射,即 F_{*p} 必定把非零的切向量映射于非零切向量.

最后,我们要叙述两个十分有用的定理.

定理 2.4(逆映射存在定理)　设 M,N 是两个 n 维光滑流形,F: $M^n\to N^n$ 是光滑映射,$p\in M$,如果 $\mathrm{rank}_p(F) = n$(满秩),则必存在 M 在 p 点的一个邻域 U,使得 $V = F(U)$ 是 N 在 $F(p)$ 点的邻域,且 F

$|_U: U \to F(U)(\subset N)$ 是光滑同胚.

证明 取 M 在 p 点的局部坐标图 $(\tilde{U},\tilde{\varphi})$ 及 N 在 $F(p)$ 点的局部坐标图 $(\tilde{V},\tilde{\psi})$，不妨设 $F(\tilde{U})\subset\tilde{V}$，由 F 的光滑性可知

$$\tilde{F}\triangleq\tilde{\psi}\circ F\circ\tilde{\varphi}^{-1}:\tilde{\varphi}(\tilde{U})(\subset\boldsymbol{R}^n)\to\tilde{\psi}(\tilde{V})(\subset\boldsymbol{R}^n)$$

是光滑的.

另外，$\mathrm{rank}_p(F)=n$，从而 $\tilde{F}$ 在 $\tilde{\varphi}(p)$ 点的 Jacobian 行列式不为零，根据欧氏空间中反函数存在定理，存在 $\tilde{\varphi}(p)$ 及 $\tilde{\psi}(F(p))$ 在 $\boldsymbol{R}^n$ 中的邻域 $U'\subset\tilde{\varphi}(\tilde{U})$ 及 $V'\subset\tilde{\psi}(\tilde{V})$ 使得映射

$$\tilde{F}|_{U'}:U'(\subset\tilde{\varphi}(\tilde{U})\subset\boldsymbol{R}^n)\to V'$$

有光滑的逆映射 $(\tilde{F}|_{v'})^{-1}:V'\to U'$. 令

$$U=\tilde{\varphi}^{-1}(U'),V=\tilde{\psi}^{-1}(V'),$$

则 U,V 分别是 M,N 在 p 及 $F(p)$ 点的邻域，且 $F|_U:U\to V$ 是光滑的同胚. $\tilde{F}:\tilde{\varphi}(U)\to\tilde{\psi}(V)$ 是光滑同胚，其中 $\tilde{\varphi}(U)=U',\tilde{\psi}(V)=V'$.

定理 2.5 设 M,N 分别是 m 维、n 维光滑流形，$m<n$，又 $F:M^m\to N^n$ 是光滑映射，$p\in M$，且 $\mathrm{rank}_p(F)=m$，则一定存在 M 在 p 点的坐标图 $(U,\varphi;x^i)$ 及 N 在 $F(p)$ 的坐标图 $(V,\psi;y^\alpha)$，使得 $F(U)\subset V$，且 $F|_V$ 的局部表示为 $\psi\circ F\circ\varphi^{-1}:\varphi(U)\to\psi(V)$ 是

$$\begin{aligned}&\psi\circ F\circ\varphi^{-1}(x^1,x^2,\cdots,x^m)\\&=(y^1\circ F(x^1,\cdots,x^m),\cdots,y^n\circ F(x^1,\cdots,x^m))\\&=(x^1,x^2,\cdots,x^m,0,0,\cdots,0),\end{aligned}$$

即

$$y^i=y^i\circ F,1\leqslant i\leqslant m,$$
$$y^\lambda=y^\lambda\circ F=0,m+1\leqslant\lambda\leqslant n.$$ ①

2.5.2 子流形

1. *浸入子流形*

① 参见陈维恒著:《微分流形初步》，北京:高等教育出版社，1998 年版.

定义 2.11　设M,N分别是m维、n维微分流形,$F:M\to N$是C^∞映射,如果$\forall p\in M$,F在p点的秩$\mathrm{rank}_p(F)=m$,即$F_{*p}:T_p(M)\to T_{F(p)}(N)$是非奇异的,则称$F$是一个**浸入**.

注　当F是一个浸入时,$F(M)$不一定是一种真正意义上的微分流形,即$F(M)$不一定存在一个微分结构.

例 1　考虑映射$F:\boldsymbol{R}\to\boldsymbol{R}^2$,其定义为

$$F(t)=(2\cos(t-\frac{\pi}{2}),\sin(t-\frac{\pi}{2})),$$

它的切映射

$$F_{*p}(\frac{d}{dt})=\frac{dF(t)}{dt}=(-2\sin(t-\frac{\pi}{2}),\cos(t-\frac{\pi}{2})),$$

易见$F_{*p}(\frac{d}{dt})$处处不为零,从而$\mathrm{rank}F=1$,于是F是浸入. 但$F(R)$不是局部欧氏的,从而$F(R)$不可能成为一个微分流形.

但是,如果F是单一浸入,则有下列定理.

定理 2.6　如果$F:M^m\to N^n$是单一浸入($\mathrm{rank}F=m$且F是单射),则$F(M)$上一定存在拓扑结构(不一定是由N上的相对拓扑)及微分结构(不一定由N上的微分结构诱导),使得$F(M)$成为一个微分流形(此时称为N的**浸入子流形**).

证明　首先构造$F(M)$上的拓扑结构

$\tilde{\tau}=\{\varphi\subset F(M)\mid F^{-1}(\varphi)$是$M$中的开集$\}$,可以证明$\tau$是$F(M)$上一个拓扑,这是因为$F$是单射,从而$F:M\to F(M)$是一一映射,从而$F^{-1}$存在,于是$F:M\to F(M)$是一个同胚(相对于$\tilde{\tau}$),且相对于$\tilde{\tau}$,$F(M)$也是$T_2$的.

其次在$F(M)$上构造微分结构

$$\tilde{\boldsymbol{A}}=\{(F(U_\alpha),\varphi_\alpha\circ F^{-1})\mid(U_\alpha,\varphi_\alpha)\text{ 是 }M\text{ 的坐标图}\}.$$

可以证明$\tilde{\boldsymbol{A}}$一定是$F(M)$的一个微分结构. 事实上,

(1) $\cup F(U_\alpha)=F(\bigcup_\alpha U_\alpha)=F(M)$,

(2) $(\varphi_\alpha \circ F^{-1}) \circ (\varphi_\beta \circ F^{-1})^{-1} = \varphi_\alpha \circ F^{-1} \circ F \circ \varphi_\beta^{-1} = \varphi_\alpha \circ \varphi_\beta^{-1}$ 是 C^∞ 的,

且由于 $(\varphi_\alpha \circ F^{-1})(F(U_\alpha)) = \varphi_\alpha(U_\alpha) \subset \boldsymbol{R}^m$,从而 $F(M)$ 是 m 维微分流形.

这里要特别注意,当 $F:M \to N$ 是单浸入时,$F(M)(\subset N)$ 上可建立拓扑结构 $\tilde{\tau}$,但这个拓扑结构不一定是由 N 上的拓扑诱导的,即 $\tilde{\tau} \neq \tau_N|_{F(M)}$,其中 τ_N 是 N 的拓扑.

例 2 $F:(-\pi,\pi) \to \boldsymbol{R}^2$

$$F(t) = (2\sin t, -\sin 2t),$$

$$F_*\left(\frac{d}{dt}\right) = \frac{dF}{dt} = (2\cos t, -2\cos 2t),$$

而 $\cos t, \cos 2t$ 不全为零,因此对任意 $t \in (-\pi,\pi)$,$\mathrm{rank} F = 1 = (-\pi,\pi)$ 的维数.

从而 F 是一个浸入,且 F 是单一的,于是 $F(M)$(8 字图)是 $\boldsymbol{R}^2$ 中的浸入子流形,其上的拓扑结构为:φ 在 $F(M)$ 中是开的当且仅当 $F^{-1}(\varphi)$ 在 $(-\pi,\pi)$ 中开,即 $F(M)$ 带有 $\boldsymbol{R}^1$ 中的拓扑,但这个拓扑不可能是由 $\boldsymbol{R}^2$ 中拓扑诱导的拓扑(不可能是 $\boldsymbol{R}^2$ 中的开圆盘与 $F(M)$ 的交,这个交集不可能是开区间的并集).

2. 嵌入子流形

我们知道,如果 $F:M \to N$ 是一个单浸入时,则由 F 诱导的 N 的一个浸入子流形 $(F(M),\tilde{\tau},\tilde{A})$,其拓扑结构:$\tilde{\tau} = \{\varphi \subset F(M) \mid F^{-1}(\varphi)$ 是 M 中开集$\}$,其微分结构:$\tilde{A} = \{(F(U_\alpha), \varphi_\alpha \circ F^{-1}) \mid (U_\alpha, \varphi_\alpha)$ 为 M 的坐标图$\}$.

但此时 $F(M)$ 的拓扑 $\tilde{\tau}$ 不一定是由 N 的拓扑 τ_N 所诱导,即 $\tilde{\tau} \neq \tau_N|_{F(M)}$.

定义 2.12 设 $F:M \to N$ 是单浸入,且 $F(M)(\subset N)$ 作为 N 的子空间($F(M)$ 具有 N 的相对拓扑)有 $F:M \to F(M)$ 是同胚,则称 $F(M)$ 是 N 的**嵌入子流形**,称 F 是一个**嵌入**.

注　(i) 当 F 是单浸入时,$F(M)$ 上可以同步予两种拓扑.

一种是由 F 诱导:φ 在 $F(M)$ 中开 $\Leftrightarrow F^{-1}(\varphi)$ 在 M 中开;

一种是相对拓扑:φ 在 $F(M)$ 中开 $\Leftrightarrow$ 存在 N 中开集 V,使得 $\varphi = V \cap F(M)$.

这两种拓扑不一定相同,若相同,则 $F(M)$ 不但是 N 的浸入子流形,且 $F(M)$ 也是 N 的嵌入子流形.

(ii) 当 F 是单浸入时,$F(M)$ 是 m 维微分流形,此时 $F:M \to F(M)$ 相对于由 F 诱导的 $F(M)$ 的拓扑是一个同胚的,如果 F 相对于 $F(M)$ 的相对拓扑也是同胚的,则 $F(M)$ 是 N 的嵌入子流形.

(iii) 判断一个单浸入 $F:M \to N$ 是不是嵌入是十分重要的,下面两个定理给出了这种判断准则.

定理 2.7　如果 $U \subset M$ 是 M 中的开子流形,则 U 一定是 M 的嵌入子流形.

证明　作 $i:U \to i(U) \subset M, i(p) = p, p \in U$,则 i 一定单浸入(i 是单射),且在局部坐标系下,

$$i:(x^1, x^2, \cdots, x^n) \mapsto (y^1 \circ i, y^2 \circ i, \cdots, y^n \circ i) = (x^1, \cdots, x^n).$$

于是

$$\begin{pmatrix} \frac{\partial y^1}{\partial x^1} & \cdots & \frac{\partial y^1}{\partial x^n} \\ \vdots & & \vdots \\ \frac{\partial y^n}{\partial x^1} & \cdots & \frac{\partial y^n}{\partial x^n} \end{pmatrix} = \begin{pmatrix} 1 & 0 & \cdots & 0 \\ 0 & 1 & \cdots & 0 \\ \cdots & \cdots & \cdots & \cdots \\ 0 & 0 & \cdots & 1 \end{pmatrix},$$

从而

$$\mathrm{rank}(i) = n,$$

即 i 是浸入. 同时,$i:U \to U$ 是同胚(关于相对拓扑),从而 U 是 M 的嵌入子流形.

定理 2.8　设 $F:M \to N$ 是光滑的单浸入,且 M 是紧致的,则

$F(M)$ 一定是 N 的嵌入子流形.

证明 由拓扑学知道,从紧致的拓扑空间到 Hausdorff 空间的双映射,一定是同胚. 现在由 N 是 Hausdorff 的,因此 $F(M)$ 作为 N 的拓扑子空间,也是 Hausdorff 的,由于 F 是单射,从而 $F:M\to F(M)$ 当然是双映射,下面说明 F 是连续的.

事实上,任意 $p\in M$,因 $F:M\to N$ 是连续的,因此对于 N 在 $F(p)$ 点的任一个开邻域 V,必存在 M 在 p 点的开邻域 U,使得 $p\in F(U)\subset V$,当然有

$$p\in F(U)\subset V\cap F(M)\triangleq\tilde{V},$$

于是 $F:M\to F(M)$(Hausdorff 空间)是连续映射,这样 $F(M)$ 是 N 的嵌入子流形.

定理 2.9 单浸入 $F:M\to N$ 是嵌入的充要条件是对于 $p\in M$,存在 N 在 $F(p)$ 点的局部坐标系 $(V,\psi;y^i)$,使得

$$\psi(q)=(0,\cdots,0),q=F(p),$$
$$\psi(s)=(y^1,y^2,\cdots,y^m,0,\cdots,0),$$

其中 $s\in V\cap F(M)$.

证明 必要性. 设 $F:M\to N$ 是嵌入,从而 F 是浸入,于是任意 $p\in M$,

$$\mathrm{rank}_p(F)=m(M\text{ 的维数}).$$

由秩定理,存在 M 在 p 点的局部坐标系 $(U,\varphi;x^i)$(U 为 M 开集)及 N 在 $F(p)$ 点的局部坐标系 $(V,\psi;y^i)$ 使得

(1) $f(U)\subset V$;

(2) $\varphi(p)=(0,0,\cdots,0)\in\boldsymbol{R}^m$;

(3) $\psi(F(p))=(0,0,\cdots,0)\in\boldsymbol{R}^n,\psi\circ F\circ\varphi^{-1}(x^1,\cdots,x^m)$
$=(x^1,\cdots,x^m,0,0,\cdots,0)\in\boldsymbol{R}^n$.

由于 $F:M\to F(M)$ 是同胚,其中 $F(M)$ 具有 N 的相对拓扑,而 $F(U)$ 是 $F(M)$ 的开子集,故有 N 的开子集 W,使得

$$F(U)=F(M)\cap W.$$

不妨设 $W \subset V$，于是 $F(M) \cap W$ 中具有局部坐标

$$(y^1, y^2, \cdots, y^m, 0, \cdots, 0).$$

充分性略去①.

注　H. Whitney 在20世纪30年代开始，对于 m 维微分流形在欧氏空间的嵌入问题进行过系统而深刻的研究，证明了 Whitney 定理：设 M 是 m 维 C^r 微分流形（$1 \leqslant r \leqslant \infty$），则存在 C^r 映射 $F: M \to \boldsymbol{R}^{2m}$，使得 $f(M)$ 是 $\boldsymbol{R}^{2m}$ 中浸入子流形（F 是单浸入，且 $F(M)$ 是 $\boldsymbol{R}^m$ 中的闭子集（相对于 F 诱导的拓扑），也存在嵌入映射 $\tilde{F}: M^m \to \boldsymbol{R}^{2m+1}$，使得 $\tilde{F}(M)$ 是 $\boldsymbol{R}^{2m+1}$ 中嵌入子流形（$\tilde{F}$ 是单浸入且 $\tilde{F}: M \to \tilde{F}(M)$ 是同胚（相对于 $\tilde{F}(M) \subset \boldsymbol{R}^{2m+1}$ 的相对拓扑）②）），但如果加一条件 M 是紧致的，其证明要简单得多．③

定理 2.10　设 M 是 m 维紧致的光滑流形，则存在正整数 n 以及光滑映射 $F: M \to \boldsymbol{R}^n$，使得 $F(M)$ 是 $\boldsymbol{R}^n$ 中的嵌入子流形．

问题与练习

1. 证明 $M = \left\{(x_1, x_2) \in \boldsymbol{R}^2 \mid \dfrac{x_1^2}{a^2} + \dfrac{x_2^2}{b^2} = 1\right\}$ 是 1 维 C^∞ 流形．

2. $M = \{(x, y) \mid (x^2 + y^2)^2 = x^2 - y^2\}$（双纽线）作为 $\boldsymbol{R}^2$ 的拓扑子空间是不是 1 维微分流形？

3. 设 M, N, ω 均为 C^∞ 流形，$f: M \to N, g: N \to W$ 均为 C^∞ 映射，证明由

$$(f \times g)(f(x), g(y)) = (f(x), g(y)), x \in M, y \in N$$

定义的映射 $f \times g: M \times N \to N \times W$ 是 C^∞ 的．

---

① 参见陈维桓著：《微分流形初步》，北京：高等教育出版社，1998 年版．

② 关于这个定理的证明参见：H. Whitney, *Geometric Integration Theory*, Princeton University Press, 1957.

③ 参见陈维桓著：《微分流形初步》，北京：高等教育出版社，2001 年版．

4. 设 $M, M_i (i = 1, \cdots, k)$ 分别是 n, n_i 维的 C^∞ 流形.

$$F: M \to M_1 \times \cdots \times M_k,$$
$$F(p) = (F_1(p), \cdots, F_k(p)), p \in M,$$

则 F 是 C^∞ 映射的充要条件是 $F_i: M \to M_i$ 是 C^∞ 映射.

5. 设 M、N 是光滑流形, M 是连通的, $f: M \to N$ 是光滑映射, 证明若在每一点 $p \in M$, 有 $f_{*p} = 0$, 则 f 是常值映射.

6. 设映射 $f: \boldsymbol{R}^2 \to \boldsymbol{R}^2$ 定义为

$$y_1 = x_1 e^{x_2} + x_2, y_2 = x_1 e^{x_2} - x_2.$$

证明 f 是光滑同胚, 并求 f_{*p} 和 f_p^* 在自然基下的矩阵.

7. 证明: 两个浸入的复合还是浸入; 两个嵌入的复合还是嵌入; 两个微分同胚的复合还是微分同胚.

8. 设 M 是连通的光滑流形, $\dim M \geqslant 2$, 证明任何一个光滑映射 $f: M \to \boldsymbol{R}$ 都不可能是 $1 - 1$ 的.

9. 下列子集中哪些能作为 $\boldsymbol{R}^2$ 中 C^r 浸入子流形, $r = ?$

(1) $\{(t, t^2) \mid t \leqslant 0\} \cup \{(t, -t^2) \mid t \geqslant 0\}$.

(2) $\{(x, y) \in \boldsymbol{R}^2 \mid x = 0$ 或 $y = 0\}$.

(3) $\{(t^2, t^3) \mid t \in \boldsymbol{R}$.

10. 设 $m < n, \pi: \boldsymbol{R}^n \to \boldsymbol{R}^m$ 是投影, 即

$$\pi(y^1, \cdots, y^n) = (y^1, \cdots, y^m).$$

设 $\varphi: X \to \boldsymbol{R}^n$ 是光滑映射, 证明: 如 $(\pi \circ \varphi, X)$ 是 $\boldsymbol{R}^m$ 的浸入子流形, 则 (φ, X) 是 $\boldsymbol{R}^n$ 的浸入子流形.

第三章　流形上的张量场

在光滑流形上,更多的构造常常是以张量场的形式出现的,因此掌握光滑张量场的一般概念是十分重要的.在本章,我们先引进光滑切向量场X的概念,为建立流形上光滑张量场提供一种背景,其本身也是流形理论中十分重要的概念,然后推广流形上向量场的概念,建立流形上的张量场.进一步证明光滑流形上存在对称的、正定2阶协变张量场,即所谓的黎曼度量张量场,为建立黎曼流形作必要的准备.

§3.1　流形上的切向量场

利用光滑流形上的光滑结构,我们定义了流形上的光滑函数及流形之间的光滑映射,以此为基础,又定义了光滑流形在任一点p的切空间等概念.它们都是由流形的微分结构决定的线性结构.

在本节,我们要建立流形上的光滑切向量场,顾名思义,所谓切向量场就是流形上切向量的一个"场"分布,即在光滑流形上每一点都指定了一个切向量,它与流形的拓扑结构有关.

3.1.1　基本概念

设M是m维光滑的微分流形,$\{(U_\alpha,\varphi_\alpha)\mid\alpha\in$某个指标集$I\}$是$M$的微分结构.$\forall p\in M$,令

$$T(M)=\bigcup_{p\in M}T_p(M)$$

称为 M 的**切丛**.

定理 3.1 设 M 是 m 维 C^∞ 流形,则 $T(M)$ 是 $2m$ 维 C^∞ 流形.

事实上,作自然投影

$$\pi: T(M) \to M, \quad X_p \to p, \quad \forall X_p \in T_p(M).$$

再构造 $T(M)$ 的微分结构

$$\{(\tilde{U}_\alpha, \tilde{\varphi}_\alpha) \mid \alpha \in I\},$$

其中

$$\tilde{U}_\alpha = \pi^{-1}(U_\alpha) \subset T(M),$$

$$\tilde{\varphi}_\alpha: \tilde{U}_\alpha \to \varphi_\alpha(U) \times \boldsymbol{R}^m \subset \boldsymbol{R}^m \times \boldsymbol{R}^m,$$

对 $\forall X_p = \sum_{i=1}^m X^i \frac{\partial}{\partial x^i}\Big|_p \in \tilde{U}_\alpha$,定义

$$\tilde{\varphi}_\alpha(X_p) = (x^1(p), \cdots, x^m(p), X^1, \cdots, X^m) \in \boldsymbol{R}^{2m}.$$

$T(M)$ 上拓扑结构为

$$\tilde{\tau} = \{\tilde{U} = \pi^{-1}(U) \mid U \text{ 为 } M \text{ 的开集}\}.$$

类似地,令

$$T^*(M) = \bigcup_{p \in M} T_p^*(M)$$

称为 M 上的**余切丛**,亦是一个 $2m$ 维 C^∞ 流形.

下面给出 M 的切向量场的定义.

定义 3.1 设 M 是 m 维 C^∞ 流形,M 上的一个**切向量场** X 是指 M 在 $T(M)$ 中的提升,即映射

$$X: M \to T(M); \quad p \to X(p) \triangleq X_p \in T_p(M)$$

满足条件

$$\pi \circ X = id: M \to M.$$

换言之,切向量场是指流形上每一点 p 都指定了唯一的切向量 X_p. 如果映射 $X: M \to T(M)$ 还是 C^∞ 的,则称 X 是 U 上的一个**光滑切向量场**.

注 (i) 流形 M 上所有光滑切向量场构成的集合记为 $\mathscr{X}(M)$,在 $\mathscr{X}(M)$ 上定义加法及数乘

$$(X+Y)(p) \triangleq Xp + Yp,$$
$$(\lambda X)(p) \triangleq \lambda X_p, \quad \lambda \in \boldsymbol{R},$$

则 $\mathscr{X}(M)$ 是实数域上的一个向量空间.

(ii) 设 (U,x^i) 是 M 在 p 点的局部坐标系，$\{\frac{\partial}{\partial x^i}|_p\}$ 是 M 在 p 点的局部自然标架，X 是 M 的一个切向量场，则 X 的局部表示为

$$X|_U = \sum_{i=1}^{m} X^i \frac{\partial}{\partial x^i}|_p,$$

显然，X^i 是 U 上的一个函数

$$X^i = X^i(p) = X(x^i)(p) = X_p(x^i), \forall p \in U.$$

进一步，对于任意 $f \in C^\infty(M,\boldsymbol{R})$，由切向量场 X，确定了 M 上一个新函数，记为 Xf

$$Xf: M \to \boldsymbol{R}, p \to (Xf)(p) \triangleq X_p f.$$

定理 3.2　设 M 是 m 维 C^∞ 流形，X 是 M 上的一个切向量场，则下列条件是等价的：

(1) X 是光滑的；

(2) 设 (U,x^i) 是 M 的一个局部坐标系，如果 $X|_U = \sum_{i=1}^{m} a^i \frac{\partial}{\partial x^i}$，则每个 $a^i \in C^\infty(U,\boldsymbol{R})$；

(3) 对 M 的任意开集 V 及 $f \in C^\infty(V,\boldsymbol{R})$，均有 $X(f) \in C^\infty(V,\boldsymbol{R})$.

证明　(1)⇒(2). 由 X 的光滑性可知，$X|_U: U \to T(M)$ 也是光滑的，注意到

$$a^i = X(x^i) = dx^i \circ X,$$

其中 x^i 为 $\pi^{-1}(U) \subset T(M)$ 上的坐标函数，根据两个 C^∞ 映射的复合仍为 C^∞ 映射，可知 $a^i \in C^\infty(U,\boldsymbol{R})$.

(2)⇒(3). 只需证明对 M 的任意一个含于 V 的容许坐标图 $(U,\varphi;x^i)$，$X(f)|_U$ 是 C^∞ 的. 事实上，

$$X(f)|_U = \sum_{i=1}^{m} a^i \frac{\partial f}{\partial x^i}, \forall f \in C^\infty(V,\boldsymbol{R}),$$

上式右端确是 U 上的 C^∞ 函数.

(3)⇒(1). 即证映射 $X|_U: U \to T(M)$ 是 C^∞ 的,利用 $T(M)$ 的局部坐标系,$X|_U: U \to T(M)$ 对应的分量函数

$$x^i \circ \pi \circ X|_U = x^i, dx^i \circ X|_U = X(x^i) = a^i,$$

显然都是 C^∞ 的,所以 $X|_U: U \to T(M)$ 是 C^∞ 的.

现在我们讨论光滑向量场的另一种定义方式.

引理3.1 设 M 是一个 m 维 C^∞ 流形,如果映射 $\alpha: C^\infty(M,\boldsymbol{R}) \to C^\infty(M,\boldsymbol{R})$ 满足:

(1) 线性 $\alpha(\lambda f + \mu g) = \lambda\alpha(f) + \mu\alpha(g), f,g \in C^\infty(M,\boldsymbol{R}), \lambda, \mu \in \boldsymbol{R}$;

(2) Leibniz 法则 $\alpha(fg) = f\alpha(g) + g\alpha(f), f,g \in C^\infty(M,\boldsymbol{R})$.

那么对于 M 的任一开集 $U, f \in C^\infty(M,\boldsymbol{R})$,若 $f|_U = 0$,则 $\alpha(f)|_U = 0$.

证明 设 $f \in C^\infty(M,\boldsymbol{R}), f|_U = 0$,下面证明对任意 $p \in U$, $\alpha(f)(p) = 0$.

事实上,对上述 $p \in U$,必存在 p 的开邻域 V 及 $g \in C^\infty(M,\boldsymbol{R})$,使得 $V \subset \bar{V} \subset U$, $\bar{V}$ 紧致,且

$$g|_{\bar{V}} \equiv 1, g|_{M-U} \equiv 0.$$

显然 $fg \equiv 0$,由 Leibniz 法则

$$\begin{aligned} 0 &= \alpha(fg)(p) = f(p)\alpha(g)(p) + g(p)\alpha(f)(p) \\ &= 0 + 1 \cdot \alpha(f)(p) = \alpha(f)(p). \end{aligned}$$

推论 引理3.1中的映射 α 具有局部性,即对于 M 的任一开集 $U, f, g \in C^\infty(M,\boldsymbol{R})$,如果 $f|_U = g|_U$,则必有 $\alpha(f)|_U = \alpha(g)|_U$.

定理3.3 设 M 是一个 m 维 C^∞ 流形,则 M 上的任一 C^∞ 向量场 X 必可视作映射 $X: C^\infty(M,\boldsymbol{R}) \to C^\infty(M,\boldsymbol{R})$,

$$f \to Xf, \forall p \in M, (Xf)(p) = X_p f,$$

满足引理 3.1 的条件(1),(2). 反过来,如果映射 $\alpha: C^{\infty}(M,\boldsymbol{R}) \to C^{\infty}(M,\boldsymbol{R})$ 满足引理3.1的条件(1),(2),则必存在M上的一个唯一确定的 C^{∞} 向量场 X,使得 $X = \alpha$.

证明　定理的前半部分显然,现在设 $\alpha: C^{\infty}(M,\boldsymbol{R}) \to C^{\infty}(M,\boldsymbol{R})$ 满足引理 3.1 的(1),(2),$p \in M$,U 为p 的一个开邻域,则存在p的开邻域 $V \subset U$,及$\tilde{f} \in C^{\infty}(M,\boldsymbol{R})$,使得

$$\tilde{f}|_V = f|_V, \tilde{f}|_{M-U} = 0,$$

定义

$$X_p(f) = \alpha(\tilde{f})(p),$$

上述定义是合理的,即如果还有p的开邻域$V_1 \subset U$,$\tilde{f}_1 \in C^{\infty}(M,\boldsymbol{R})$,$\tilde{f}_1|_{V_1} = f|_{V_1}$,则

$$\tilde{f}_{V_1 \cap V} = \tilde{f}_1|_{V_1 \cap V},$$

由引理 3.1 推论,

$$\alpha(\tilde{f})(p) = \alpha(\tilde{f}_1)(p).$$

下面验证切向量场 X 是光滑的,为此,设(U,x^i) 为 M 的后一个坐标卡,则

$$X|_U = \sum_{i=1}^{m} X^i \frac{\partial}{\partial x^i},$$

其中

$$X^i = X(x^i) = \alpha(x^i),$$

已知坐标函数x^i是U的光滑函数,故$\alpha(x^i) \in C^{\infty}(U,\boldsymbol{R})$,由定理3.2知,$X \in \mathscr{X}(M)$.

于是光滑流形上一个光滑切向量场 X 可以用映射 的观点来定义.

定义 3.1　设 M 是 m 维的光滑流形,M 上的一个光滑切向量场是指这样的映射

$$X: C^{\infty}(M,\boldsymbol{R}) \to C^{\infty}(M,\boldsymbol{R}), f \to X(f).$$

满足下列条件

(1) 线性 对 $\forall \alpha,\beta \in \boldsymbol{R}, f,g \in C^{\infty}(M,\boldsymbol{R})$.

$$X(\alpha f+\beta g)=\alpha(Xf)+\beta(Xg),$$

(2) Leibniz 法则

$$X(f\cdot g)=f(Xg)+g(Xf).$$

3.1.2 Poisson 括号积

设 $X,Y \in \mathscr{X}(M), f \in C^{\infty}(M,\boldsymbol{R})$,这里

$$(Xf)(p)=X_p f, \forall p \in M,$$

从而对 Xf 继续用 Y 来作用,且 $Y(Xf) \in C^{\infty}(M,\boldsymbol{R})$.

现在作映射

$$[X,Y]:C^{\infty}(M,\boldsymbol{R}) \to C^{\infty}(M,\boldsymbol{R}); f \to [X,Y]f,$$

$$[X,Y](f) \triangleq X(Yf)-Y(Xf),$$

$$[X,Y](f)(p) \triangleq [X,Y]_p f \triangleq X_p(Yf)-Y_p(Xf),$$

称 $[X,Y]$ 为切向量场 X 与 Y 的 Poisson 括号积(或称为李括号积).

定理 3.4 如果 $X,Y \in \mathscr{X}(M)$,则 $[X,Y] \in \mathscr{X}(M)$.

证明 首先 $[X,Y]:C^{\infty}(M,\boldsymbol{R}) \to C^{\infty}(M,\boldsymbol{R}); f \to [X,Y](f)$ 具有线性性,即 $\forall f,g \in C^{\infty}(M,\boldsymbol{R})$,

$$\begin{aligned}[X,Y](f+g) &= X(Y(f+g)-Y(X(f+g)) \\ &= X(Yf+Yg)-Y(Xf+Xg) \\ &= X(Yf)+X(Yg)-Y(Xf)-Y(Xg) \\ &= [X,Y](f)+[X,Y](g),\end{aligned}$$

$$[X,Y](\lambda f)=\lambda[X,Y](f), \lambda \in R.$$

其次 $[X,Y]$ 满足 Leibniz 法则

$$\begin{aligned}&[X,Y](f\cdot g)=X(Y(fg))-Y(X(f\cdot g)) \\ &= X(f\cdot(Yg)+g(Yf))-Y(f(Xg)+g(Xf)) \\ &= X(f\cdot(Yg)+X(g\cdot Yf))-Y(f(Xg))-Y(f(Xf)) \\ &= f(X(Yg))+(Yg)(Xf)+(Yf)\cdot(Xg)+g(X(Yf)) \\ &\quad -(Xg)(Yf)-f\cdot Y(Xg)-f(Y(xf))-(xf)(Yf)\end{aligned}$$

$= f \cdot X(Yg) - f \cdot Y(Xg) + g(X(Yf)) - gY(Xf)$

$= f \cdot [X,Y](g) + g \cdot [X,Y](f).$

于是由光滑切向量场的等价定义知,$[X,Y]$ 也是光滑切向量场.

定理 3.5　设 $X,Y,Z \in \mathscr{X}(X)$,$f,g \in C^{\infty}(M,\boldsymbol{R})$ 及特别 $\forall a,b \in \boldsymbol{R}$,

(a) $[X,Y] \in \mathscr{X}(M)$;

(b) $[fX,gY] = f \cdot g[X,Y] + f \cdot (Xg)Y - g(Yf)X$,

特别地,$\forall a,b \in \boldsymbol{R}$,$[aX,bY] = ab[X,Y]$;

(c) $[X,Y] = -[Y,X]$;

(d) Jacobian 恒等式

$$[[X,Y],Z] + [[Y,Z],X] + [[Z,X],Y] = 0;$$

(e) $[aX + bY,Z] = a[X,Z] + b[Y,Z]$.

证明　(a) 已证. 对于任意 $h \in C^{\infty}(M,\boldsymbol{R})$,

$$\begin{aligned}
[fX,gY](h) &= (fX)((gY)(h)) - (gY)((fX)(h)) \\
&= fX(g \cdot Yh) - gY(f \cdot Xh) \\
&= f(Yh \cdot Xg + gX(Yh)) - g(Yf \cdot Xh + f(Y(Xh)) \\
&= f \cdot g[X,Y](h) + f \cdot (Xg)Y(h) - g \cdot (Yf)X(h),
\end{aligned}$$

故(b) 成立. 对 $\forall f \in C^{\infty}(M,\boldsymbol{R})$,

$$\begin{aligned}
[X,Y](f) &= X(Yf) - Y(Xf) \\
&= -[Y,X](f),
\end{aligned}$$

故(c) 成立.

(d) 按 Possion 括号积的定义,即可得证.

(e) 对于 $\forall f \in C^{\infty}(M,\boldsymbol{R})$,

$$\begin{aligned}
[aX + bY,Z](f) &= (aX + bY)(Zf) - Z((aX + bY)f) \\
&= (aX(Zf) + bY(Zf) - aZ(Xf) - bZ(Yf) \\
&= a[X,Z]f + b[Y,Z](f).
\end{aligned}$$

故(e) 成立.

注　如果在实数域 F 上的向量空间(线性空间) V 中定义了一

种乘法,记为$\langle\cdot\rangle$满足下列条件:

(1) 分配律 $\forall a,b\in F$,及 $\forall \alpha,\beta,\gamma\in V$,

$$\langle a\alpha+b\beta,\gamma\rangle = a<\alpha,\gamma>+b<\beta,\gamma>.$$

(2) 反交换律 $\forall \alpha,\beta\in V$,

$$<\alpha,\beta>=-<\beta,\alpha>.$$

(3) Jacobian 恒等式成立,则称$(V,\langle\cdot\rangle)$为域F上的**李代数**.

由此,流形M上的所有光滑的切向量场$\mathscr{X}(M)$,关于 Possion 括号积成为一个李代数.

3.1.3 光滑切向量场的积分曲线

我们知道,对于光滑流形上的任一条光滑曲线

$$\sigma:(a,b)(\subset \boldsymbol{R})\to M;t\to\sigma(t),$$

它确定了M上曲线的一个光滑切向量场

$$\sigma_*\left(\frac{d}{dt}\right):C^\infty(M,R)\to C^\infty(M,R),$$

$$\sigma_{*t}\left(\frac{d}{dt}\right)(f)\triangleq\frac{d}{dt}(f\circ\sigma),$$

$$\forall f\in C^\infty(M,\boldsymbol{R}).$$

现在考虑,给定光滑曲线上的光滑切向量场X及$\forall p\in M$,是否存在流形上通过p点的光滑曲线$\sigma:(a,b)\to M$,使得

$$\sigma_{*t}\left(\frac{d}{dt}\right)=X_p,$$

如果对于$\forall t\in(a,b)$,恒有

$$\sigma_{*t}\left(\frac{d}{dt}\right)=X_{\sigma(t)},$$

则称$\sigma=\sigma(t)$为光滑切向量场的**积分曲线**.

设$(U,\varphi;x^i)$是M在p点的局部坐标系,则$X|_U=\sum\limits_{i=1}^m f^i\dfrac{\partial}{\partial x^i}$,其中$f^i\in C^\infty(U,\boldsymbol{R})$,若$\sigma=\sigma(t)$是$X$的积分曲线,则

$$\sigma_{*t}\left(\frac{d}{dt}\right) = X_{\sigma(t)} = \sum_{i=1}^{m} f^i(\sigma(t))\frac{\partial}{\partial x^i},$$

而

$$\sigma_{*t}\left(\frac{d}{dt}\right) = \frac{d\sigma}{dt} = \sum_{i=1}^{m} \frac{dx^i(t)}{dt}\frac{\partial}{\partial x^i},$$

其中$(x^1(t),x^2(t),\cdots,x^m(t))$是曲线$\sigma=\sigma(t)$的局部坐标表示,即

$$\varphi \circ \sigma(t) = (x^1(t),\cdots,x^m(t)).$$

于是σ是X的积分曲线,等价于一阶常微分方程组

$$\frac{dx^i(t)}{dt} = f^i(\sigma(t))$$
$$= f^i(x^1(t),x^2(t),\cdots,x^m(t)),i=1,2,\cdots,m$$

有解,由常微分方程组解的存在唯一定理,在局部范围内一定有唯一解.

这说明在局部范围内,光滑流形M的任何一个光滑切向量场X,一定有其积分曲线.

3.1.4　F－相关性

设M、N分别是m维和n维光滑的流形.$F:M\to N$是光滑映射,如果$X\in\mathscr{X}(M)$,则对于任意$p\in(M)$,$F_{*p}(X_p)\in T_{F(p)}(N)$,但是,一般来说,$F_*X$不构成$N$上的切向量场,原因是

(1)F可能不是单一的,此时,如果$p_1\neq p_2$,

$$F(p_1)=F(p_2)=q\in N,$$

由于$X\in\mathscr{X}(M)$,$X_{p_1}\neq X_{p_2}$,但$F_*(X_{p_2})=F_*(X_{p_2})$.

这说明在同一点q指定了两个切向量.

(2)当F不是满射时,对于$q\in N$,不存在$p\in M$,使得$q=F(p)$,此时,在q点没有指定切向量.

针对这种情况,我们引入下面的概念.

定义3.2　设$F:M\to N$是光滑映射,$X\in\chi(M)$,$\tilde{X}\in\mathscr{X}(M)$,如果$\forall p\in M$,恒有

$$F_{*p}(X_p) = \tilde{X}_{F(p)},$$

则称切向量场 X 与 $\tilde{X}$ 是 F 一相关的，记为 $X \overset{F}{\sim} \tilde{X}$.

定理 3.6 设 $F:M \to N$ 是光滑映射，$X, Y \in \mathscr{X}(M)$，$\tilde{X}, \tilde{Y} \in \mathscr{X}(N)$，如果 X 与 $\tilde{X}$，Y 与 $\tilde{Y}$ 分别都是 F— 相关，则 $[X, Y]$ 与 $[\tilde{X}, \tilde{Y}]$ 也是 F— 相关的.

证明 对于 $\forall p \in M$，只要证

$$F_{*p}[X,Y]_p = [\tilde{X},\tilde{Y}]_{F(p)} \in T_{F(p)}(N),$$

$$F_{*p}[X,Y]_p(g) = [\tilde{X},\tilde{Y}]_{F(p)}(g), \forall g \in C^\infty(N).$$

而

$$\begin{aligned}[\tilde{X},\tilde{Y}]_{F(p)}(g) &= \tilde{X}_{F(p)}(\tilde{Y}g) - \tilde{Y}_{F(p)}(\tilde{X}g) \\ &= (F_* X_p)(\tilde{Y}g) - (F_* Y_p)(\tilde{X}g) \\ &= X_p((\tilde{Y}g)\circ F) - Y_p((\tilde{X}g)\circ F),\end{aligned}$$

$$\begin{aligned}(\tilde{Y}g)\circ F(p) &= \tilde{Y}_{F(p)}(g) = F_*(Y_p)(g) \\ &= Y_p(g\circ F),\end{aligned}$$

$$(\tilde{X}g)\circ F(p) = X_p(g\circ F),$$

从而

$$\begin{aligned}[\tilde{X},\tilde{Y}]_{F(p)}(g) &= X_p(Y(g\circ F)) - Y_p(X(g\circ F)) \\ &= [X,Y]_p(g\circ F) \\ &= F_{*p}([X,Y]_p)(g).\end{aligned}$$

故 $[\tilde{X}, \tilde{Y}]$ 与 $[X, Y]$ 是 F 一相关的.

定理 3.7 设 $F:M \to N$ 是光滑同胚，则 $F_*:\mathscr{X}(M) \to \mathscr{X}(N)$ 是关于李代数同构. 即当 F 是光滑同胚时，对于任意 $X \in \mathscr{X}(M)$，$F_* X$ 一定是 N 上的光滑切向量场.

$$F_* X: C^\infty(N, \boldsymbol{R}) \to C^\infty(N, \boldsymbol{R}),$$

对于 $\forall g \in C^\infty(N, \boldsymbol{R})$ 及 $p \in M$，

$$(F_* X)(g)(p) = X_p(g\circ F).$$

3.1.5 单参数变换群

1. 基本概念

定义 3.3　设 M 是 m 维光滑流形，$\varphi: \boldsymbol{R} \times M \to M$ 是光滑映射，对于 $\forall (t,p) \in \boldsymbol{R} \times M$，记

$$\varphi(t,p) \triangleq \varphi_p(t) \triangleq \varphi_t(p),$$

如果 φ 满足下列条件：

(1) 当 $t = 0$ 时，$\varphi_0(p) = p$，即 $\varphi_0: M \to M$ 是 id（恒同）；

(2) $\forall t, s \in \boldsymbol{R}, \varphi_{t+s} = \varphi_t \circ \varphi_s$.

则称 φ 是作用在光滑流形上的**单参数变换群**.

注　(i) 对于给定的参数 t，$\varphi_t: M \to M$ 是 M 上的一个光滑映射. 记 $\Phi = \{\varphi_t \mid t \in \boldsymbol{R}\}$，则 Φ 是 M 上的一个连续变换群，其单位变换为 φ_0，φ_t 的逆变换为 φ_{-t}.

(ii) 对于固定的 $p \in M$，$\varphi_p: \boldsymbol{R} \to M$，是 M 上通过 p 点的一条光滑曲线，记为 ν_p，即

$$\nu_p = \varphi_p(t),$$

且 $\varphi_p(0) = \varphi_0(p) = p$，称此曲线为单参数变换群 $\{\varphi_t\}$ 的**轨线**.

2. 单参数变换群与切向量场之间的关系

(1) M 上每一个单参数变换群 $\{\varphi_t: M \to M \mid t \in \boldsymbol{R}\}$ 一定诱导出 M 上的一个 C^∞ 切向量场 X，对于任意 $p \in M$，指定一个切向量 X_p 就是此单参数变换群通过 p 的轨线 $\nu_p = \varphi_p(t)$ 在 p 点的切向量，即

$$X_p \triangleq \varphi_{p*}\left(\frac{d}{dt}\right) = \frac{d\varphi_p(t)}{dt}.$$

于是 $\forall f \in C^\infty(M, \boldsymbol{R})$，

$$\begin{aligned} X_p(f) &= \varphi_{p*}\left(\frac{d}{dt}\right)f = \frac{d}{dt}(f \circ \varphi_p(t)) \mid_{t=0} \\ &= \lim_{t \to 0} \frac{f(\varphi(t,p) - f(p)}{t}. \end{aligned}$$

设 (U, x^i) 是 M 在 p 点的局部坐标系，p 点的局部坐标为 $(x_0^1, x_0^2, \cdots, x_0^m)$.

$\varphi_p(t)$ 的局部坐标为 $(x^1(t), x^2(t), \cdots, x^m(t))$，则

$$x^i = x^i(t) = x^i(t, x_0^1, \cdots, x_0^m),$$

于是

$$\begin{aligned} X_p &= \varphi_{p*}\left(\frac{d}{dt}\right)|_{t=0} \\ &= \sum_{i=1}^{m} \frac{dx^i(t, x_0^1, \cdots, x_0^m)}{dt}|_{t=0} \frac{\partial}{\partial x^i}. \end{aligned}$$

由于 $\varphi_p : \boldsymbol{R} \to M$ 的光滑性，可知 X 是光滑的.

进一步，由单参数变换群 $\{\varphi_t\}$ 诱导的光滑切向量 X 的积分曲线，就是 $\{\varphi_t\}$ 的轨线 $\nu_p = \varphi_p(t)$，即对于轨线 ν_p 上任一点 $q = \nu_p(s_0) = \varphi_p(s_0, p)$，

$$X_q = \frac{d\varphi_p(t)}{dt}|_{t=0}.$$

事实上，由于 X 是由 $\{\varphi_t\}$ 诱导的，从而

$$X_q = \varphi_{*q}\left(\frac{d}{dt}\right) = \frac{d\varphi_p(t)}{dt}|_{t=0},$$

而

$$\begin{aligned} \varphi_q(t) &= \varphi(t, q) \\ &= \varphi(t, \varphi(s_0, p)) = \varphi_t(\varphi_{s_0}(p)) \\ &= \varphi_{t+s_0}(p) = \varphi(t + s_0, p) = \nu_p(t + s_0), \end{aligned}$$

于是

$$\frac{d\varphi_p(t)}{dt}|_{t=0} = \nu'_p(t + s_0)|_{t=0} = \nu'_p(s_0),$$

或

$$\begin{aligned} X_q f &= \frac{d}{dt}|_{t=0}(f \circ \nu_q(t)) \\ &= \frac{d}{dt}|_{t=0} f(\nu_p(t + s_0)) \\ &= \frac{d}{dt}|_{t=s_0} f \circ \nu_p(t) \end{aligned}$$

$$= \nu'_p(s_0)(f),$$

从而 $\nu'_p(s_0) = X_q = X_{\nu_p(s_0)}$.

(2) 每一个光滑的切向量场 X 可诱导一个局部的 单参数变换群.

定义 3.4　设 U 是 M 的一个开子集,$(-\varepsilon,\varepsilon) \subset \boldsymbol{R}$,若光滑映射 $\varphi:(-\varepsilon,\varepsilon) \times U \to M$;

$$(t,p) \to \varphi(t,p) \triangleq \varphi_t(p) \triangleq \varphi_p(t),$$

满足下列条件:

(1) 当 $t = 0$ 时,$\varphi_0:U \to U$ 是 id;

(2) 对于任意 $t,s \in (-\varepsilon,\varepsilon)$,$t + s \in (-\varepsilon,\varepsilon)$,

$$\varphi(t+s,p) = \varphi_{t+s}(p) = \varphi_t \circ \varphi_s(p).$$

则称 $\{\varphi_t \mid t \in (-\varepsilon,\varepsilon)\}$ 是 M 上的一个**局部单参数变换群**.

显然,每一个局部单参数变换群 $\{\varphi_t \mid t \in (-\varepsilon,\varepsilon)\}$ 一定诱导 $U(\subset M)$ 上的一个光滑切向量场 $X|_U$:任意 $p \in U$,指定 M 在 p 点的一个切向量 X_p

$$X_p(f) = \frac{d}{dt}\Big|_{t=0}(f \circ \varphi_p(t)), f \in C^\infty(U,\boldsymbol{R}),$$

即

$$X_p = (\varphi_p)_*\left(\frac{d}{dt}\right).$$

定理 3.8　设 X 是 M 上的光滑切向量场,则 $\forall p \in M$,存在 p 点的一个开邻域 U 及作用在 U 上的局部单参数变换群 $\{\varphi_t \mid t \in (-\varepsilon,\varepsilon)\}$ 使得 $X|_U$ 就是 $\{\varphi_t\}$ 在 U 上诱导的切向量场.

证明　取 p 点的一个局部坐标系 (V,x^i),在此坐标系下,X 的局部表示是

$$X|_V = \sum_{i=1}^{m} X^i \frac{\partial}{\partial x^i},$$

其中 $X^i \in C^\infty(V)$,考虑常微分方程组

$$\frac{dx^i}{dt}=X^i(x^1,\cdots,x^m),1\leqslant i\leqslant m.$$

根据常微分方程组的理论，$\exists\varepsilon_1>0$ 及 p 点的邻域 $U_1\subset V$，使得 $\forall q\in U_1$ 方程组$(*)$有唯一解

$$x=x_q(t)=(x^1(t,q),\cdots,x^m(t,q))$$

满足下列方程组及初始条件

$$\begin{cases}\dfrac{dx^i(t)}{dt}=X^i(x_q^1(t),\cdots,x_q^m(t)),\\ x_q(0)=q,\end{cases}\qquad(*)$$

且解 $x_q(t)$ 对于(t,q) 是光滑依赖的．令

$$\varphi(t,q)=x_q(t),q\in U_1,|t|<\varepsilon_1,$$

则

$$\varphi:(-\varepsilon,\varepsilon)\times U_1\to M$$

是光滑映射，现在要说明$\{\varphi_t\}$ 是局部单参数变换群．

(1) 当 $t=0$ 时

$$\varphi_0(q)=x_q(0)=q,$$

从而 $\varphi_0:U\to U$ 是 id.

(2) $\forall t,s,t+s\in(-\varepsilon_1,\varepsilon_1)$ 且 $q,\varphi_s(q)\in U$，由于

$$\frac{dx_q^i(t+s)}{dt}=\frac{dx_q^i(u)}{du}\bigg|_{u=t+s}=X^i(x_q(t+s)),$$

且

$$x_q^i(t+s)|_{t=0}=x_q^i(s)=\varphi_s(q),$$

故 $x_q(t+s)$ 是方程$(*)$的一组解．由唯一性

$$x_q(t+s)=x_{s(q)}(t),$$

即

$$\varphi_{t+s}(q)=\varphi_t(\varphi_s(q)),$$

故$\{\varphi_t\}$ 是 U 上的单参数变换群，且是唯一的．

注　M 是紧致的 m 维光滑流形，则 M 上每个光滑的切向量场 X 可生成作用在 M 上的整体的单参数变换群，即存在单参数变换群

$$\varphi: R \times M \to M,$$
$$\varphi_p: R \to M, t \mapsto \varphi_p(t),$$

使得

$$X_p = \varphi_{p*}\left(\frac{d}{dt}\right).$$

§3.2　流形上点 p 的 (r,s) 型张量

3.2.1　基本概念

设 M 是 m 维光滑流形，$p \in M$，$T_p(M)$ 为 M 在 p 点的切空间，以 $T^r_{s,p}(M)$ 表示向量空间 $T_p(M)$ 上的 (r,s) 型张量空间，即

$$T^r_{s,p}(M) = \mathscr{L}(\overbrace{T^*_p(M) \times \cdots \times T^*_p(M)}^{r} \times \overbrace{T_p(M) \times \cdots \times T_p(M)}^{s}; \boldsymbol{R}).$$

设 $(U,\varphi;x^i)$ 为 M 在 p 点的局部坐标系，$\{\frac{\partial}{\partial x^i}\}$，$\{dx^i\}$ 分别是 $T_p(M)$ 及 $T^*_p(M)$ 的基，则 M 在 p 点的任一个 (r,s) 型张量 $T_p \in T^r_{s,p}(M)$ 可表示为

$$T_p = T^{i_1 i_2 \cdots i_r}_{j_1 j_2 \cdots j_s} \frac{\partial}{\partial x^{i_1}} \otimes \cdots \otimes \frac{\partial}{\partial x^{i_r}} \otimes dx^{j_1} \otimes \cdots \otimes dx^{j_s},$$

其中

$$T^{i_1 i_2 \cdots i_r}_{j_1 \cdots j_s} = T_p(dx^{i_1}, \cdots, dx^{i_r}, \frac{\partial}{\partial x^{j_1}}, \cdots, \frac{\partial}{\partial x^{j_s}}).$$

实例

(1) $(0,1)$ 型张量（1 阶协变张量）就是 M 的余切向量，即 $T^0_{1,p}(M) = T^*_p(M)$.

(2) $(1,0)$ 型张量（1 阶反变张量）就是 M 的切向量，即 $T^1_{0,p}(M) = T_p(M)$.

在 $T^r_{s,p}(M)$ 上定义加法和数乘

$$(\alpha\omega_p+\beta\theta_p)(\omega_{1p},\cdots,\omega_{rp},X_{1p},\cdots,X_{sp})$$
$$\triangleq \alpha\omega_p(\omega_{1p},\cdots,\omega_{rp},X_{1p},\cdots,X_{sp})$$
$$+\beta\theta_p(\omega_{1p},\cdots,\omega_{rp},X_{1p},\cdots,X_{sp}),$$

其中$\alpha,\beta\in\boldsymbol{R},\omega_p,\theta_p\in T^r_{s,p}(M)$,则$T^r_{s,p}(M)$是$\boldsymbol{R}$上的向量空间,利用张量积$\otimes$,可以构造 $T^r_{s,p}(M)$ 上的基为

$$\left\{\frac{\partial}{\partial x^{i_1}}\otimes\cdots\otimes\frac{\partial}{\partial x^{i_r}}\times dx^{j_1}\otimes\cdots\otimes dx^{j_s}\mid 1\leqslant i_1,i_2,\cdots,i_r\leqslant m,1\leqslant j_1,j_2,\cdots,j_s\leqslant m\right\},$$

令

$$T^r_s(M)=\bigcup_{p\in M}T^r_{s,p}(M),$$

记

$$\widetilde{U}=\{T_p\in T^r_{s,p}(M)\mid p\in U\},$$

且定义映射

$$\tilde{\varphi}:\widetilde{U}\to\varphi(U)\times\boldsymbol{R}^{m^{r+s}},$$
$$T_p\to(x^i(p),T^{i_1\cdots i_r}_{j_1\cdots j_s}),$$
$$1\leqslant i,i_1,\cdots,i_r,j_1,\cdots,j_s\leqslant m.$$

对于任意开集$A\subset\varphi(U),B\subset\boldsymbol{R}^{m^{r+s}}$,定义

$$\tilde{\varphi}^{-1}(A\times B)\subset T^r_s(M)$$

为 $T^r_s(M)$ 的开集. 此外,自然地有投影

$$\pi:T^r_s(M)\to M;T_p\to p\in M,$$

于是可以说明 $T^r_s(M)$ 为$m+m^{r+s}$ 维微分流形. 其微分结构为$\{(\widetilde{U},\tilde{\varphi})\}$,其中 $\widetilde{U}=\pi^{-1}(U)$,称$(T^r_s(M),\pi,M)$ 为 M 上(r,s) 型张量丛,$T^r_{s,p}(M)$ 称为纤维.

3.2.2 协变张量的张量积

为了几何上的应用,我们考虑流形在一点p的s阶协变张量,即s重线性映射

$$\omega_p : T_p(M) \times \cdots \times T_p(M) \to \boldsymbol{R}$$

的张量积.

设 ω_p, θ_p 分别是流形在 p 点的 s_1 阶、s_2 阶协变张量,则 ω_p 与 θ_p 的张量积 $\omega_p \otimes \theta_p$ 是 $s_1 + s_2$ 阶协变张量,其定义

$$(\omega_p \otimes \theta_p)(X_{1p}, \cdots, X_{s_1+s_2,p}) = \omega_p(X_{1p}, \cdots, X_{s_1p}) \cdot \theta_p(X_{s_1+1,p}, \cdots, X_{s_1+s_2,p}).$$

它具有下列性质:

(1) 分配律 设 $\omega_p, \theta_p \in T^0_{s_1,p}(M), \tilde{\omega}_p \in T^0_{s_2,p}(M), \alpha, \beta \in \boldsymbol{R}$,则

$$(\alpha\omega_p + \beta\theta_p) \otimes \tilde{\omega}_p = \alpha\omega_p \otimes \tilde{\omega}_p + \beta\theta_p \otimes \tilde{\omega}_p.$$

(2) 结合律 设 $\omega_p \in T^0_{s_1,p}(M), \theta_p \in T^0_{s_2,p}(M), \tilde{\omega}_p \in T^0_{s_3,p}(M)$,则

$$(\omega_p \otimes \theta_p) \otimes \tilde{\omega}_p = \omega_p \otimes (\theta_p \otimes \tilde{\omega}_p) \triangleq \omega_p \otimes \theta_p \otimes \tilde{\omega}_p.$$

一般地

$$\omega_p \otimes \theta_p \neq \theta_p \otimes \omega_p \text{(交换律不成立)}.$$

定理 3.9 设 $(U, \varphi; x^i)$ 是流形 M^m 在 p 点的局部坐标系,$\{dx^i\}$ 是 $T_p^*(M)$ 的一组基,则

$$\{dx^{i_1} \otimes dx^{i_2} \otimes \cdots \otimes dx^{i_s} \mid 1 \leqslant i_1, i_2, \cdots, i_s \leqslant m\}$$

是 M 在 p 点的 s 阶协变张量空间 $T^0_{s,p}(M)$ 的一组基,从而 $\dim T^0_{s,p}(M) = m^s$,且对于任意 $\omega_p \in T^0_{s,p}(M)$,有

$$\omega_p = \omega_p\left(\frac{\partial}{\partial x^{i_1}}, \cdots, \frac{\partial}{\partial x^{i_s}}\right) dx^{i_1} \otimes \cdots \otimes dx^{i_s} \triangleq \omega_{i_1, i_2 \cdots i_s} \mid_p dx^{i_1} \otimes \cdots \otimes dx^{i_s}.$$

3.2.3 反称协变张量的外积及其性质

流形 M 在 p 点的 s 阶协变张量 ω_p 称为**反称的**,如果对于任意的 $X_{1p}, \cdots, X_{sp} \in T_p(M)$,恒有

$$\omega_p(X_{1p}, \cdots, X_{ip}, \cdots, X_{jp}, \cdots, X_{sp})$$

$$= -\omega_p(X_{1p},\cdots,X_{jp},\cdots,X_{ip},\cdots,X_{sp}),$$

记 $\Lambda_p^s(M)$ 表示流形 M 在 p 点的 s 阶反称的协变张量组成的空间. 对于 $\omega_p \in \Lambda_p^{s_1}(M)$, $\theta_p \in \Lambda_p^{s_2}(M)$, 其外积(记为 $\omega_p \wedge \theta_p$) 定义为

$$(\omega_p \wedge \theta_p)(X_{1p},\cdots,X_{s_1+s_2,p})$$
$$= \frac{1}{s_1!s_2!}\sum_{\sigma\in\varphi(s_1+s_2)} \operatorname{sgn}\sigma \cdot \omega_p(X_{\sigma(1)p},\cdots,X_{\sigma(s_1)p}$$
$$\cdot \theta_p(X_{\sigma(s_1+1)p},\cdots,X_{\sigma(s_1+s_2)p}),$$

特别地

$$\omega_p \in \Lambda_p^1(M) = T_p^*(M), \theta_p \in \Lambda_p^s(M),$$

则

$$(\omega_p \wedge \theta_p)(X_{1p},\cdots,X_{s+1,p})$$
$$= \sum_{i=1}^{s+1}(-1)^{i-1}\omega_p(X_{ip})\cdot\theta_p(X_{1p},\cdots,\hat{X}_{ip},\cdots,X_{s+1,p}),$$

其中 $\hat{X}_{ip}$ 表示去掉 X_{ip}.

设$(U,\varphi;x^i)$ 是 m 维流形 M 在 p 点的局部坐标系,则

$$\{dx^{i_1}\wedge\cdots\wedge dx^{i_s} \mid 1\leqslant i_1<\cdots<i_s\leqslant m\}$$

是 $\Lambda_p^s(M)$ 的基. 从而 $\dim\Lambda_p^s(M) = C_n^s$ 且 $\forall\omega_p\in\Lambda_p^s(M)$, 有

$$\omega_p = \frac{1}{s!}\sum_{i_1,\cdots,i_s}\omega_p\left(\frac{\partial}{\partial x^{i_1}},\cdots,\frac{\partial}{\partial x^{i_s}}\right)dx^{i_1}\wedge\cdots\wedge dx^{i_s}$$
$$= \sum_{1\leqslant i_1<\cdots<i_s\leqslant n}\omega_p\left(\frac{\partial}{\partial x^{i_1}},\cdots,\frac{\partial}{\partial x^{i_s}}\right)dx^{i_1}\wedge\cdots\wedge dx^{i_s}.$$

特别 $s=m$ 时, 有

$$\omega_p = \alpha dx^1\wedge dx^2\wedge\cdots\wedge dx^m, \alpha\in\boldsymbol{R}.$$

定理 3.10 外积具有下列性质

(1) 分配律

$$(\alpha\omega_p+\beta\tilde{\omega}_p)\wedge\theta_p = \alpha\omega_p\wedge\theta_p+\beta\tilde{\omega}_p\wedge\theta_p.$$

(2) 结合律

$$(\omega_p\wedge\theta_p)\wedge\gamma_p = \omega_p\wedge(\theta_p\wedge\gamma_p)\triangleq\omega_p\wedge\theta_p\wedge\gamma_p.$$

(3) 对于 $\omega_p \in \Lambda_p^r(M)$, $\theta_p \in \Lambda_p^s(M)$,则

$$\omega_p \wedge \theta_p = (-1)^{rs}\theta_p \wedge \omega_p.$$

证明　仅证(3). 因为外积满足分配律的,所以只需考虑

$$\omega_p = dx^{i_1} \wedge \cdots \wedge dx^{i_r}, \theta_p = dx^{j_1} \wedge \cdots \wedge dx^{j_s}$$

的情形,注意到

$$dx^i \wedge dx^j = -dx^j \wedge dx^i,$$

因此

$$\begin{aligned}\omega_0 \wedge \theta_p &= (dx^{i_1} \wedge \cdots \wedge dx^{i_r}) \wedge (dx^{j_1} \wedge \cdots \wedge dx^{j_s}) \\ &= (-1)^r dx^{j_1} \wedge (dx^{i_1} \wedge \cdots \wedge dx^{i_r}) \wedge (dx^{j_1} \wedge \cdots \wedge dx^{j_s}) \\ &= (-1)^{rs}(dx^{j_1} \wedge dx^{j_2} \wedge \cdots \wedge dx^{j_s}) \wedge (dx^{i_1} \wedge \cdots \wedge dx^{i_r}).\end{aligned}$$

§3.3　流形上的张量场

现在我们可以推广流形上向量场的概念.

定义 3.5　光滑流形 M 上的 (r,s) 型张量场 τ 是指在流形上每一点 p 都定了唯一的 (r,s) 型张量 $\tau(p) \in T^r_{s,p}(M)$,即 $\tau: p \mapsto \tau(p) \in T^r_{s,p}(M)$.

设 $(U,\varphi;x^i)$ 是 M 的一个坐标卡, (r,s) 型张量场 τ 局部地可表示为

$$\tau = \tau^{i_1\cdots i_r}_{j_1\cdots j_s} \frac{\partial}{\partial x^{i_1}} \otimes \cdots \otimes \frac{\partial}{\partial x^{i_r}} \otimes dx^{j_1} \otimes \cdots \otimes dx^{j_s},$$

其中其分量 $\tau^{i_1\cdots i_r}_{j_1\cdots j_s}$ 当然是 U 上的一个函数,如果 $\tau^{i_1\cdots i_r}_{j_1\cdots j_s} \in C^\infty(U,\boldsymbol{R})$,则称 τ 是 M 上的一个光滑的 (r,s) 型张量场,光滑 (r,s) 型张量场的合体记为 $C^\infty(T^r_s(M))$.

显然, τ 的光滑性与局部坐标系的选取无关,且 τ 的分量在不同的坐标系 $(U,\varphi;x^i)$, $(\tilde{U},\tilde{\varphi};\tilde{x}^i)$ 有如下的变换公式

$$\tilde{\tau}^{i_1\cdots i_r}_{j_1\cdots j_s} = \tau^{h_1\cdots h_r}_{k_1\cdots k_s} \frac{\partial \tilde{x}^{i_1}}{\partial x^{h_1}} \frac{\partial \tilde{x}^{i_2}}{\partial x^{h_2}} \cdots \frac{\partial \tilde{x}^{i_r}}{\partial x^{h_r}} \frac{\partial x^{k_1}}{\partial \tilde{x}^{j_1}} \cdots \frac{\partial x^{k_s}}{\partial \tilde{x}^{j_s}}.$$

实例

(1) 光滑的切向量场 X 就是(1,0) 型张量场，光滑的(0,1) 型张量场就是光滑的余切向量场.

(2) 光滑流形上每一点的切空间上的恒同映射 $id:T_p(M)\to T_p(M),p\in M$，给出了流形 M 上的一个光滑的(1,1) 型张量场 τ，对于 $\forall p\in M$，定义 $\tau_p\in T^1_{1,p}(M)$，

$$\tau_p(\alpha_p,X_p)=\alpha_p(id(X_p))=\alpha_p(X_p),$$

其中

$$\alpha_p\in T_p^*(M),X_p\in T_p(M).$$

在局部坐标系下，

$$\tau_p(dx^i,\frac{\partial}{\partial x^j})=dx^i(\frac{\partial}{\partial x^j})=\delta^i_j,$$

从而 τ 的局部表示为

$$\tau=\lambda^i_j\frac{\partial}{\partial x^i}\otimes dx^j,$$

其中 λ^i_j 是 U 上的函数. 下面说明 $\lambda^i_j\in C^\infty(U,\boldsymbol{R})$. 事实上，由于

$$\begin{aligned}\delta^k_l&=\tau_p(dx^k,\frac{\partial}{\partial x^l})=\lambda^i_j(\frac{\partial}{\partial x^i}\otimes dx^j)(dx^k,\frac{\partial}{\partial x^l})\\&=\lambda^i_jdx^k(\frac{\partial}{\partial x^i})\cdot dx^j(\frac{\partial}{\partial x^l})\\&=\lambda^i_j\delta^k_i\delta^j_l=\lambda^k_l.\end{aligned}$$

于是

$$\tau=\frac{\partial}{\partial x^i}\otimes dx^i,$$

由此可见 τ 是光滑的(1,1) 型张量场.

(3) 光滑流形上的每一个光滑函数 $f\in C^\infty(M,\boldsymbol{R})$，确定了 M 上的一个光滑的(0,1) 型张量场 df，对于 $\forall p\in M$，确定了一个(0,1) 型张量 $df|_p$，对于 $\forall X_p\in T_p(M)$，

$$df|_p(X_p)\triangleq X_p(f).$$

在局部坐标系$(U,\varphi;x^i)$下，$df|_p(\frac{\partial}{\partial x^i}|_p)=\frac{\partial f}{\partial x^i}|_p$，

从而

$$df=\sum_{i=1}^{m}df(\frac{\partial}{\partial x^i})dx^i=\sum_{i=1}^{m}\frac{\partial f}{\partial x^i}dx^i.$$

和光滑向量场一样，我们给出光滑张量场的等价定义.

定义 3.6　设M是m维光滑的微分流形，$T(M)$、$T^*(M)$分别是M上的光滑的切丛及光滑的余切丛，若映射

$$\tau:\overbrace{T^*(M)\times\cdots\times T^*(M)}^{r\text{个}}\times\overbrace{T(M)\times\cdots\times T(M)}^{s\text{个}}\rightarrow C^\infty(M,\boldsymbol{R}),$$
$$(\omega^1,\cdots,\omega^r,X_1,\cdots,X_s)\rightarrow\tau(\omega^1,\cdots,\omega^r,X_1,\cdots,X_s)$$

是关于C^∞函数$r+s$重线性的，则称τ是**M上的(r,s)型张量场**. 其中，$\forall p\in M$，

$$\tau(\omega^1,\cdots,\omega^r,X_1,\cdots,X_s)(p)$$
$$\triangleq\tau_p(\omega_p^1,\cdots,\omega_p^r,X_{1p},\cdots,X_{sp}).$$

这样，流形M上的光滑张量场就有两种定义的方式，可以证明，这两种定义是等价的. 为节省篇幅，我们仅以$(0,s)$型张量场ω为例加以说明.

首先，若将M上的s阶协变张量场ω看成是映射

$$\omega:M\rightarrow T_s^0(M)=\bigcup_{p\in M}T_{s,p}^0(M),p\rightarrow\omega_p\in T_{s,p}^0(M),$$

则ω一定是$T(M)\times\cdots\times T(M)$到$C^\infty(M,\boldsymbol{R})$上的$s$重线性映射. 这是因为，$\forall p\in M,\omega_p\in T_{s,p}^0(M)$，

$$\begin{aligned}&\omega(X_1,\cdots,fX_i+gY_i,\cdots,X_s)(p)\\=&\ \omega_p(X_{1p},\cdots,f(p)X_{ip}+g(p)Y_{ip},\cdots,X_{sp})\\=&\ f(p)\omega_p(X_{1p},\cdots,X_{ip},\cdots,X_{sp})\\&+g(p)\omega_p(X_{1p},\cdots,Y_{ip},\cdots,X_{sp})\\=&\ (f\omega(X_1,\cdots,X_i,\cdots,X_s)+g\omega(X_1,\cdots,Y_i,\cdots,X_s))(p).\end{aligned}$$

由p的任意性，故

$$\omega(X_1,\cdots,fX_i+gY_i,\cdots,X_s)$$
$$=f\omega(X_1,\cdots,X_i,\cdots,X_s)+g\omega(X_1,\cdots,Y_i,\cdots,X_s).$$

其次,对于任意的关于 $C^\infty(M,\boldsymbol{R})$ s 重线性映射

$$\omega:T(M)\times\cdots\times T(M)\to C^\infty(M,\boldsymbol{R}),$$

及 $\forall p\in M$,一定确定 M 上在点 p 的唯一协变张量 $\omega_p\in T^0_{s,p}(M)$. 为说明这一点,我们还需要下面几个引理. 为方便起见,称对每个变量都具有 $C^\infty(M,\boldsymbol{R})$ 线性的映射

$$\tau:T^*(M)\times\cdots\times T^*(M)\times T(M)\times\cdots\times T(M)\to C^\infty(M,\boldsymbol{R})$$

为 M 上光滑的 (r,s) 型场张量.

引理3.2 设 M 为 m 维 C^∞ 流形,U 为 M 的开集,θ 为 M 上的 $(0,s)$ 型 C^∞ 场张量,$X_i,Y_i\in C^\infty(T(M)),i=1,\cdots,s$.

(1) 若存在某个 $i\in\{1,\cdots,s\}$,使得 $X_i|_U=0$,则

$$\theta(X_1,\cdots,X_s)|_U=0.$$

(2) 若对所有的 $i\in\{1,\cdots,s\}$,均有 $X_i|_U=Y_i|_U$,则

$$\theta(X_1,\cdots,X_s)|_U=\theta(Y_1,\cdots,Y_s)|_U.$$

证明 (1) 设 $X_1|_U=0$, 下面证对任意 $p\in U,\theta(X_1,\cdots,X_s)_p=0$.

对上述 $p\in U$,存在 p 的一个开邻域 V 及 $f\in C^\infty(M,\boldsymbol{R})$,使得 $V\subset\overline{V}\subset U,\overline{V}$ 紧致,且

$$f|_{\overline{V}}\equiv 1,f|_{M-U}\equiv 0,$$

则 $fX_1=0\in C^\infty(T(M))$,所以

$$0=\theta(fX_1,X_2,\cdots,X_s)_p=f(p)\theta(X_1,\cdots,X_s)_p$$
$$=\theta(X_1,\cdots,X_s)_p.$$

对其他 $i\neq 1$,亦可类似证明.

(2) $(X_1-Y_1)|_V=0$,从而

$$\theta(X_1,X_2,\cdots,X_s)|_U-\theta(Y_1,X_2,\cdots,X_s)|_U$$
$$=\theta(X_1-Y_1,X_2,\cdots,X_s)|_U=0,$$

即

$$\theta(X_1,X_2,\cdots,X_s)\mid_U=\theta(Y_1,X_2,\cdots,X_s)\mid_U.$$

同理

$$\begin{aligned}\theta(X_1,X_2,\cdots,X_s)\mid_U&=\theta(Y_1,X_2,\cdots,X_s)\mid_U\\&=\theta(Y_1,Y_2,X_3,\cdots,X_s)\mid_U\\&=\cdots\\&=\theta(Y_1,Y_2,\cdots,Y_s)\mid_U.\end{aligned}$$

引理3.3　设M为m维C^∞流形,$p\in M$,θ为M上的$(0,s)$型C^∞场张量,$X_i,Y_i\in C^\infty(T(M))$,$i=1,\cdots,s$.

(1) 若存在某个$i\in\{1,\cdots,s\}$,使得$X_i\mid_p=0$,则

$$\theta(X_1,\cdots,X_s)_p=0.$$

(2) 若对所有$i\in\{1,\cdots,s\}$,均有$X_i\mid_p=Y_i\mid_p$,则

$$\theta(X_1,\cdots,X_s)_p=\theta(Y_1,\cdots,Y_s)_p.$$

证明　(1) 设$X_1\mid_p=0$,$(U,\varphi;x^i)$为p的一个容许坐标图,

$$X_1\mid_U=\sum_i a^i\frac{\partial}{\partial x^i},$$

则存在p的开邻域$V\subset U$及M上的C^∞向量场Z^i和M上的C^∞函数f^i,$i=1,\cdots,s$,使得

$$Z_i\mid_V=\frac{\partial}{\partial x^i}\mid_V,f^i\mid_V=a^i\mid_V(i=1,\cdots,s).$$

从而$X_1\mid_V=(\sum_i f^iZ_i)\mid_V$,由引理3.2

$$\begin{aligned}\theta(X_1,\cdots,X_s)_p&=\theta(\sum_i f^iZ_i,X_2,\cdots,X_s)_p\\&=\sum_i f^i(p)\theta(Z_i,X_2,\cdots,X_s)_p\\&=\sum_i a^i(p)\theta(Z_i,X_2,\cdots,X_s)_p\\&=0.\end{aligned}$$

对其它$i\neq1$,亦可类似证明.

(2) $0=\theta(X_1-Y_1,X_2,\cdots,X_s)_p$

$$= \theta(X_1, X_2, \cdots, X_s)_p - \theta(Y_1, X_2, \cdots, X_s)_p,$$

于是

$$\begin{aligned}\theta(X_1, X_2, \cdots, X_s)_p &= \theta(Y_1, X_2, \cdots, X_s)_p \\ &= \theta(Y_1, Y_2, X_3, \cdots, X_s)_p \\ &= \cdots \\ &= \theta(Y_1, \cdots, Y_s)_p.\end{aligned}$$

现在,我们继续说明关于张量场的等价定义. 设

$$\omega: \underbrace{C^\infty(T(M)) \times \cdots \times C^\infty(T(M))}_{s\text{个}} \to C^\infty(M, \boldsymbol{R}),$$

为$(0,s)$型C^∞场张量,对任意$p \in M$,定义

$$\omega_p: T_p(M) \times \cdots \times T_p(M) \to \boldsymbol{R}; (e_1, \cdots, e_s) \to \omega_p(e_1, \cdots, e_s).$$

其中$\omega_p(e_1, \cdots, e_s)$的定义:取$X_1, \cdots, X_s \in C^\infty(T(M))$,使得

$$X_i|_p = e_i, i = 1, \cdots, s,$$

则

$$\omega_p(e_1, \cdots, e_s) = \omega(X_1, \cdots, X_s)(p).$$

(1) 由引理 3.3 知θ_p定义合理,即$(e_1, \cdots, e_s)$与$X_1, \cdots, X_s$的选取无关,从而$\omega_p \in T^0_{s,p}(M)$.

(2) 上述$(0,s)$型张量场ω是C^∞的. 事实上,设$(U, \varphi; x^i)$是M的一个容许坐标图,

$$\omega|_U = \sum_{j_1, \cdots, j_s} \omega_{j_1 \cdots j_s} dx^{j_1} \otimes \cdots \otimes dx^{j_s},$$

下面证每个$\omega_{j_1 \cdots j_s} \in C^\infty(U, \boldsymbol{R})$. 任意$q \in U$,存在$q$的开邻域$V \subset U$,及$X_1, \cdots, X_s \in C^\infty(T(M))$,使得

$$X_j|_V = \frac{\partial}{\partial x^j}\Big|_V, \quad (j = 1, \cdots, s),$$

易见

$$\omega_{j_1 \cdots j_s} = \omega(X_{j_1}, \cdots, X_{j_s})|_V \in C^\infty(V, \boldsymbol{R}),$$

即$\omega_{j_1 \cdots j_s}$在q点是C^∞的,由q的任意性知$\omega_{j_1 \cdots j_s} \in C^\infty(U, \boldsymbol{R})$.

由此,我们还可自然地得到一个推论.

推论　设 M 是一个 m 维 C^∞ 流形，θ 为 M 上的 $(0,s)$ 型张量场，则 θ 光滑的充要条件是对任意的 $X_1,\cdots,X_s \in C^\infty(T(M))$，有 $\theta(X_1,\cdots,X_s) \in C^\infty(M,\boldsymbol{R})$.

§3.4　黎曼度量

定义 3.6　流形 M 上的二阶协变张量 g 称为**对称正定的**，如果 $\forall p \in M$，张量 g_p 是对称正定的，即

(1) $g_p(X_p,Y_p) = g_p(Y_p,X_p)$；

(2) $g_p(X_p,X_p) \geqslant 0$，且 $g_p(X_p,X_p) = 0$ 当且仅当 $X_p = 0$，

其中 $X_p,Y_p \in T_p(M)$.

定义 3.7　流形 M 上二阶对称正定的光滑协变张量 g 称为 M 的 **Riemann 度量**，(M,g) 称为 **Riemann 流形**.

设 (M,g) 是 m 维 Riemann 流形，则对于 $\forall p \in M$，在 $T_p(M)$ 中定义内积

$$X_p \cdot Y_p \triangleq g_p(X_p,Y_p),$$

于是对于 Riemann 流形 (M,g)，M 在其任一点 p 的切空间 $T_p(M)$ 成为欧氏向量空间 $(T_p(M),g_p)$.

设 $X,Y \in \mathscr{X}(M)$，则

$$g(X,Y)(p) = g_p(X_p,Y_p)$$

称为向量场 X、Y 的**内积**.

$$\| X \| \triangleq [g(X,X)]^{1/2}$$

称为向量场 X 的**模长**，而 X、Y 的**夹角** θ 可由下式给出

$$\cos\theta = \frac{g(X,Y)}{\| X \| \cdot \| Y \|}.$$

设 $\sigma:[a,b] \to M; t \mapsto \sigma(t)$ 为 M 上的光滑曲线，则积分

$$l_\sigma = \int_b^a \| \dot{\sigma}(t) \| dt = \int_b^a [g_{\sigma(t)}(\dot{\sigma}(t),\dot{\sigma}(t))]^{1/2} dt$$

称为曲线 $\sigma = \sigma(t)$ 的**弧长**，它与曲线的参数选取无关. 其中

$$\dot{\sigma}(t) = \sigma_{*t}(\frac{d}{dt}) = \frac{d\sigma}{dt}.$$

现在设$(U,\varphi;x^i)$是Riemann流形M在p点的局部坐标系,则其Riemann度量g的局部表示为

$$g = \sum_{i,j} g_{ij} dx^i \otimes dx^j,$$

其中

$$g_{ij} = g(\frac{\partial}{\partial x^i}, \frac{\partial}{\partial x^j}).$$

下面我们证明黎曼度量的整体存在性,首先我们介绍流形M^m上的**单位分解定理**.

定理3.11[①] 设$\{A_\alpha\}$是m维光滑流形M^m上的任意开覆盖,则存在M上的C^∞函数族$\mathscr{F} = \{f_i \mid i = 1,2,\cdots\}$,使得

(1) $f_i \geqslant 0, i = 1,2,\cdots$;

(2) $\forall p \in M$,存在p点的邻域V_p,使得只有有限个f_i在V_p上不为零;

(3) 对每一点$p \in M$,有$\sum_i f_i(p) = 1$;

(4) $\forall f_i \in \mathscr{F}$,存在一个$A_\alpha$,使得$\mathrm{supp} f_i \subset A_\alpha$.

其中$\mathrm{supp} f_i = \overline{\{p \in M \mid f_i(p) \neq 0\}}$称为$f_i$的**支集**,满足上述各性质的函数族$\mathscr{F}$称为从属于$\{A_\alpha\}$的**单位分解**.

单位分解是将流形的局部性质和整体性质联系起来的一个有力工具,在微分流形上许多从局部性过渡到整体性的问题研究中,都需要用到它.

定理3.12 任何C^∞微分流形M上总存在一个Riemann度量.

证明 设(U_i,φ_i)是M的坐标覆盖,因为坐标映射$\varphi_i: U_i \to \varphi_i(U) \subset \boldsymbol{R}^m$是同胚,而$\boldsymbol{R}^m$上有通常的欧氏度量$\tilde{g}$,于是$g_i = \varphi_i^* \tilde{g}$是

① 参见白正国等著:《黎曼几何初步》,北京:高等教育出版社,2004年版.

U_i 上一个 2 阶对称正定协变张量,从而是 U_i 上的一个黎曼度量. 设 $\{f_i\}$ 是附属于 $\{U_i\}$ 的单位分解,下面证明 $g = \sum_i f_i g_i$ 是 M 上的黎曼度量. 事实上,因为对 $\forall p \in M$,

$$\begin{aligned} g_p(X_p, Y_p) &= \sum_i f_i(p) g_{ip}(X_p, Y_p) \\ &= \sum_i f_i(p)(\varphi_i^* \tilde{g})_p(X_p, Y_p) \\ &= \sum_i f_i(p) \tilde{g}_{\varphi(p)}(\varphi_{i*}(X_p), \varphi_{i*}(Y_p)). \end{aligned}$$

显然,映射 $g_p: T_p(M) \times T_p(M) \to \boldsymbol{R}$ 是双线性的,从而 g_p 是 M 在 p 点的 2 阶协变张量,于是 g 是 M 上 2 阶对称协变张量场.

现在证明 g 是正定的. 因为 $f_i \geqslant 0 (i = 1, 2, \cdots)$ 且在每一点 $p \in M$ 至少包含在一个 U_j 中,使得 $f_j(p) > 0$,故由

$$0 = g_p(X_p, X_p) = \sum_i f_i(p) g_i(X_p, X_p),$$

必有

$$g_j(X_p, X_p) = 0,$$

即

$$0 = \varphi_j^* \tilde{g}(X_p, X_p) = \tilde{g}(\varphi_{j*}(X_p), \varphi_{j*}(X_p)).$$

由于 $\tilde{g}$ 是正定的,故 $\varphi_{j*}(X_p) = 0$,因为 φ_{j*} 是单射,故有 $X_p = 0$.

上述定理说明了微分流形上 Riemann 度量的存在性. 但是,一个流形上的 Riemann 度量并不唯一.

例 1　设 $M = \{x \in \boldsymbol{R}^n \mid x^n > 0\}$ 是 $\boldsymbol{R}^n$ 的上半平面,则

$$g_{ij} = \frac{1}{(x^n)^2}\delta_{ij}, \tilde{g}_{ij} = \delta_{ij}$$

都是构成 M 上的 Riemann 度量的分量.

问题与练习

1. 证明定理3.1.

2. 建立余切丛 $T^*(M)$ 的拓扑结构及微分结构,使之成为 $2m$ 维微分流形.

3. 设 X 为 C^∞ 流形 N 上的 C^∞ 切向量场,M 是 N 的嵌入子流形.证明:如果对每一点 $p \in M, X_p \in T_p(M)$,则 X 限制到 M 上也是 M 上的 C^∞ 切向量场.

4. 设 C^∞ 流形 $M \subset N$ 为闭的嵌入子流形,证明:M 上 C^∞ 切向量场 X 能延拓为 C^∞ 流形 N 上的 C^∞ 切向量场.

5. 设在 $\boldsymbol{R}^3$ 中给定3个光滑切向量场

$$X = y\frac{\partial}{\partial x} - x\frac{\partial}{\partial y},$$

$$Y = z\frac{\partial}{\partial y} - y\frac{\partial}{\partial z},$$

$$Z = \frac{\partial}{\partial x} + \frac{\partial}{\partial y} + \frac{\partial}{\partial z},$$

验证Jacobi恒等式成立.

6. 设 M 是 C^∞ 流形,(U,x^i) 是 M 的局部坐标系,定义

$$[X,Y] = \left(X^i\frac{\partial Y^j}{\partial x^i} - Y^i\frac{\partial X^j}{\partial x^i}\right)\frac{\partial}{\partial x^j},$$

证明:(1) 上式与局部坐标系选取无关,因而可以整体定义向量场 $[X,Y]$.

(2) $\forall f \in C^\infty(M,\boldsymbol{R})$,有

$$[X,Y]f = X(Yf) - Y(Xf)$$

7. 设 $f:M \to N$ 是 C^∞ 映射,$X \in \mathscr{X}(N)$,$Y \in \mathscr{X}(M)$,且 X 与 Y 相关,证明:若 $\gamma(t)$ 是 Y 的积分曲线,则 $f \circ \gamma(t)$ 是 X 的积分曲线.

8. 设映射

$$\theta: \boldsymbol{R} \times \boldsymbol{R}^2 \to \boldsymbol{R}^2; (t,(x,y)) \to \theta(t,x,y) \triangleq \theta_t(x,y),$$

$$\theta(t,x,y) \triangleq (x\cos\lambda t + y\sin\lambda t, \ -x\sin\lambda t + y\cos\lambda t),$$

其中λ是常数,证明θ是作用在$\boldsymbol{R}^2$上的单参数变换群,并求它诱导的切向量场.

9. 设M是C^∞流形,$X,Y \in \mathscr{X}(M)$,$\{\varphi_t\}$是由X生成的局部单参数变换群,

$$\mathscr{L}_X Y = \lim_{t \to 0} \frac{1}{t}\{Y - (\varphi_t)_* X\}$$

称为向量场Y沿X方向的Lie导数,若$f: M \to N$是光滑同胚,证明:$f_*(\mathscr{L}_X Y) = \mathscr{L}_{f_* X}(f_* Y)$.

10. 设$\omega_p, \theta_p \in T^0_{s_1,p}(M)$,$\tilde{\omega}_p \in T^0_{s_2,p}(M)$,证明:

(1) $(\alpha\omega_p + \beta\tilde{\omega}_p) \otimes \theta_p = \alpha\omega_p \otimes \theta_p + \beta\tilde{\omega}_p \otimes \theta_p, \alpha, \beta \in \boldsymbol{R}$;

(2) $(\omega_p \otimes \theta_p) \otimes \tilde{\omega}_p = \omega_p \otimes (\theta_p \otimes \tilde{\omega}_p)$.

一般地$\omega_p \otimes \tilde{\omega}_p \neq \tilde{\omega}_p \otimes \omega_p$(交换律不成立).

11. 设(U, x^i)是流形M在p点的局部坐标系,$\{dx^i\}$是$T_p^*(M)$的一组基,证明:

$\{dx^{i_1} \otimes \cdots \otimes dx^{i_s} \mid \leqslant i_1, \cdots, i_s \leqslant m\}$ 是$T^0_{s,p}(M)$的一组基.

12. 设M是m维C^∞流形,若

$$\varphi: \mathscr{X}(M) \to C^\infty(M, \boldsymbol{R})$$

是$C^\infty(M,\boldsymbol{R})$线性映射,且对于$\forall f \in C^\infty(M,\boldsymbol{R})$及$X \in \mathscr{X}(M)$,

$$\varphi(f \cdot X) = f \cdot \varphi(X).$$

证明φ在M上确定了唯一的一个光滑的(1,1)型张量场$\tilde{\varphi}$,使得

$$\tilde{\varphi}(X, \alpha) = \alpha(\varphi(X)), \forall \alpha \in \Lambda^1(M), X \in \mathscr{X}(M).$$

第四章　外微分形式的积分和 Stokes 定理

本章的目的是介绍微分流形上关于外微分形式的基本概念，以及外微分形式的外微分和积分的理论，即通常说的流形上的微积分，最后叙述著名的 Stokes 定理．这些基本概念和基本理论在微分几何学中有着广泛的应用，也是微分几何研究的有力工具．

§4.1　外微分形式

4.1.1　s 阶外微分形式

定义4.1　设 M 是 m 维光滑流形，M 上一个光滑的反对称的 s 阶协变张量场 ω 称为 M 上的 **s 阶外微分形式**．

M 上 s 阶外微分形式的全体记为 $\Lambda^s(M)$.

注　(i) 当 $s=0$ 时，ω 是 M 上 C^∞ 函数，即 $\Lambda^0(M)=C^\infty(M,\boldsymbol{R})$.

(ii) 当 $s=1$ 时，ω 也称为 Pfaff 形式．

(iii) 当 $s>m$ 时，$\omega=0$，因此，非零的外微分形式的阶数 s 必在 1 和 m 之间．

外微分形式 ω 是 M 上一种特殊的协变张量场，因此，s 阶外微分形式可以理解为映射

$$\omega:\overbrace{T(M)\times\cdots\times T(M)}^{s\text{个}}\to C^\infty(M,\boldsymbol{R})$$

满足 C^∞ 函数 s 重线性性且具有反对称性．作为这方面的应用，考虑下面的例子．

例 1　设 M 是 m 维光滑的微分流形，α 是 M 上 1 阶外微分形式，从 α 诱导如下的映射

$$\tilde{\alpha}: T(M) \times T(M) \rightarrow C^{\infty}(M, \boldsymbol{R}).$$

对于 $\forall X, Y \in T(M)$ 及 $p \in M$,

$$\tilde{\alpha}(X,Y)(p) \triangleq X_p(\alpha_p(Y)) - Y_p(\alpha(X)) - \alpha_p([X,Y]),$$

或

$$\tilde{\alpha}(X,Y) = X(\alpha(Y)) - Y(\alpha(X)) - \alpha([X,Y]),$$

显然 $\tilde{\alpha}(X,Y) \in C^{\infty}(M,\boldsymbol{R})$ 且 $\tilde{\alpha}$ 是反称的，即

$$\tilde{\alpha}(X,Y) = -\tilde{\alpha}(Y,X).$$

进一步，可以证明 $\tilde{\alpha}$ 是 2 重线性映射，即

$$\tilde{\alpha}(fX,Y) = f\tilde{\alpha}(X,Y),$$

$$\tilde{\alpha}(X_1 + X_2, Y) = \tilde{\alpha}(X_1, Y) + \tilde{\alpha}(X_2, Y),$$

于是 $\tilde{\alpha}$ 是 M 上的一个 2 阶外微分形式.

4.1.2　外微分形式的外积

定义 4.2　设 $\omega \in \Lambda^r(M)$, $\theta \in \Lambda^s(M)$, ω 与 θ 的外积(记为 $\omega \wedge \theta$) 是一个 $r+s$ 阶外微分形式. 对于 $\forall p \in M$,

$$(\omega \wedge \theta)(p) \triangleq \omega_p \wedge \theta_p,$$

特别地

$$f \wedge g = f \cdot g;\ f \wedge \theta = f \cdot \theta,$$

其中

$$f, g \in C^{\infty}(M,\boldsymbol{R}), \theta \in \Lambda^s(M,\boldsymbol{R}).$$

由外积的定义可知，对于 $\forall X_i \in T(M)$,

$$\begin{aligned}&(\omega \wedge \theta)(X_1, X_2, \cdots, X_{r+s}) \\ &= \frac{1}{r!s!}\sum_{\sigma \in \varphi(r+s)} \operatorname{sgn}\sigma \cdot \omega(X_{\sigma(1)}, \cdots, \\ &\qquad X_{\sigma(r)}) \cdot \theta(X_{\sigma(r+1)}, \cdots, X_{\sigma(r+s)}),\end{aligned}$$

其中

$$\omega \in \Lambda^r(M), \theta \in \Lambda^s(M).$$

特别地,当 $r = s = 1$ 时

$$(\omega_1 \wedge \omega_2)(X_1, X_2) = \omega_1(X_1) \cdot \omega_2(X_2) - \omega_1(X_2) \cdot \omega_2(X_1).$$

定理 4.1 外微分形式的外积具有下列性质

(1) $(f\omega + g\tilde{\omega}) \wedge \theta = f\omega \wedge \theta + g\tilde{\omega} \wedge \theta$,

(2) $\omega \wedge (f\theta + g\tilde{\theta}) = f\omega \wedge \theta + g\omega \wedge \tilde{\theta}$,

(3) $(\omega \wedge \theta) \wedge \gamma = \omega \wedge (\theta \wedge \gamma) \triangleq \omega \wedge \theta \wedge \gamma$,

(4) $\omega \wedge \theta = (-1)^{rs}\theta \wedge \omega; \omega \wedge \omega = 0$.

其中 $\omega, \tilde{\omega} \in \Lambda^r(M), \theta, \tilde{\theta} \in \Lambda^s(M), \gamma \in \Lambda^t(M), f, g \in C^\infty(M, \boldsymbol{R})$.

注 (i) 作直和

$$\Lambda(M) = \Lambda^0(M) \oplus \Lambda^1(M) \oplus \cdots \oplus \Lambda^m(M),$$

外积 Λ 可以扩充到 $\Lambda(M)$,因此 $(\Lambda(M), \Lambda)$ 构成实数域上的一个代数,称为流形 M 上的**外代数**.

(ii) 设 $(U, \varphi; x^i)$ 是流形 M 在 p 点的局部坐标系,则 $\{dx^{i_1} \wedge \cdots \wedge dx^{i_r} \mid 1 \leqslant i_1 < i_2 < \cdots < i_r \leqslant m\}$ 是 r 阶外微分形式空间 $\Lambda^r(M)$ 的一个局部基,对于 $\forall \omega \in \Lambda^r(M)$,有

$$\omega = \sum_{1 \leqslant i_1 < \cdots < i_r \leqslant m} \omega_{i_1 i_2 \cdots i_r} dx^{i_1} \wedge \cdots \wedge dx^{i_r}$$

$$= \frac{1}{r!} \sum_{i_1, \cdots, r_r = 1}^{m} \omega_{i_1 i_2 \cdots i_r} dx^{i_1} \wedge \cdots \wedge dx^{i_r},$$

其中 $\omega_{i_1 \cdots i_r} \in C^\infty(U, \boldsymbol{R})$.

特别地 (i) 若 ω 是 Pfaff 形,则

$$\omega = \sum_{i=1}^{m} \omega_i dx^i,$$

其中

$$\omega_i = \omega\left(\frac{\partial}{\partial x^i}\right) \in C^\infty(U, \boldsymbol{R}), i = 1, \cdots, m.$$

(ii) 若 $\omega \in \Lambda^2(M)$,则

$$\omega = \frac{1}{2}\sum_{i,j}\omega_{ij}dx^i \wedge dx^j,$$

其中

$$\omega_{ij} = \omega\left(\frac{\partial}{\partial x^i},\frac{\partial}{\partial x^j}\right) = -\omega\left(\frac{\partial}{\partial x^j},\frac{\partial}{\partial x^i}\right) = -\omega_{ji}.$$

(iii) 若 $\omega \in \Lambda^n(M)$，则

$$\omega = fdx^1 \wedge dx^2 \wedge \cdots \wedge dx^n.$$

(iv) 当 $M = \boldsymbol{R}^2$ 时，$\boldsymbol{R}^2$ 上零阶、1 阶、2 阶外微分形式分别为

$$f,g \in C^\infty(\boldsymbol{R}^2,\boldsymbol{R}), f(x,y)dx + g(x,y)dy$$
$$\in \Lambda^1(\boldsymbol{R}^2), f(x,y)dx \wedge dy \in \Lambda^2(M).$$

类似地可表示 $\boldsymbol{R}^n$ 上外微分形式的表示式.

4.1.3　外微分形式间的拉回映射

设 M,N 分别是 m 维、n 维光滑的微分流形，$F:M \to N$ 的光滑映射，$\forall p \in M, F_{*p}:T_p(M) \to T_{F(p)}(N)$ 是切映射，则由 F 诱导了映射

$$F_p^*:T^0_{s,F(p)}(N) \to T^0_{s,p}(M),$$

它是由

$$(F_p^*\omega_{F(p)})(X_{1p},\cdots,X_{sp}) \triangleq \omega_{F(p)}(F_{*p}X_{1p},\cdots,F_{*p}X_{sp})$$

所定义，其中

$$\forall \omega_{F(p)} \in T^0_{s,F(p)}(N), X_{ip} \in T_p(M), i = 1,\cdots,s,$$

显然

$$F_p^*\omega_{F(p)} \in T^0_{s,p}(M).$$

现在定义映射

$$F^*:\Lambda^s(N) \to \Lambda^s(M),$$

对于 $\forall \omega \in \Lambda^s(N)$ 及 $\forall p \in M$，定义

$$(F^*\omega)(p) \triangleq F_p^*\omega_{F(p)},$$

可以证明 $F^*\omega \in \Lambda^s(M)$.

事实上，上述定义是有意义的，即 $F_p^*\omega_{F(p)}$ 一定是 M 在 p 点的 s

阶协变张量,且 $F_p^* \omega_{F(p)}$ 是反称的,于是 $F^* \omega$ 一定是 M 上的 s 阶反称的协变张量. 下面说明 $F^* \omega$ 是光滑的. 为此,设 (U, x^i) 是 M 在 p 点的局部坐标系. (V, y^j) 是 N 在 $F(p)$ 点的局部坐标系,且 $F(U) \subset V$,于是 F 的局部表示为

$$y^j = y^j(x^1, \cdots, x^m) \in C^\infty(U, \mathbf{R}),$$
$$(j = 1, 2, \cdots, n).$$

切映射 F_{*p} 在基底上的作用是

$$F_{*p}\left(\frac{\partial}{\partial x^i}\right) = \frac{\partial y^j}{\partial x^i} \frac{\partial}{\partial y^j}.$$

设 $\omega \in \Lambda^s(N)$ 的局部表示为

$$\omega|_V = \frac{1}{s!} \omega_{j_1 \cdots j_s} dy^{j_1} \wedge \cdots \wedge dy^{j_s},$$

则

$$F^* \omega|_U = \frac{1}{s!} (\omega_{j_1 \cdots j_s} \circ F) \frac{\partial y^{j_1}}{\partial x^{i_1}} \cdots \frac{\partial y^{j_s}}{\partial x^{i_s}} dx^{i_1} \wedge \cdots \wedge dx^{i_s},$$

由此可见,$F^* \omega$ 是 M 的 s 阶外微分形式.

定理 4.2 设 $F: M \to N$ 是 C^∞ 流形间的 C^∞ 映射. 若 $\omega \in \Lambda^s(N)$,则 $F^* \omega \in \Lambda^s(M)$.

注 称 F^* 为外微分形式空间的拉回映射.

定理 4.3 设 $\omega \in \Lambda^r(N)$, $\theta \in \Lambda^s(N)$,从而 $\omega \wedge \theta \in \Lambda^{r+s}(N)$,则

$$F^*(\omega \wedge \theta) = F^* \omega \wedge F^* \theta,$$

特别地

$$F^*(f \wedge \theta) = (f \circ F) \cdot F^* \theta.$$

证 $\forall p \in M$ 及 $\forall X_{1p}, \cdots, X_{(r+s)p} \in T_p(M)$,有

$$F_p^*(\omega_{F(p)} \wedge \theta_{F(p)})(X_{1p}, \cdots, X_{(r+s)p})$$
$$= (\omega_{F(p)} \wedge \theta_{F(\theta)})(F_{*p}(X_{1p}), \cdots, F_{*p}(X_{(r+s)p}))$$
$$= \frac{1}{r!s!} \sum_{\sigma \in \varphi(r+s)} \operatorname{sgn}\sigma \cdot \omega_{F(p)}(F_{*p}(X_{\sigma(1)p}), \cdots,$$

$$F_{*p}(X_{\sigma(r)p}))\cdot\theta_{F(p)}(F_{*p}(X_{\sigma(r+1)p}),\cdots,F_{*p}(X_{\sigma(r+s)p}))$$
$$=(F_p^*(\omega_{F(p)})\wedge F_p^*(\theta_{F(p)}))(X_{1p},\cdots,X_{(r+s)p}).$$

由 X_{ip} 的任意性可知

$$F_p^*(\omega_{F(p)}\wedge\theta_{F(p)})=(F_p^*\omega_{F(p)})\wedge(F_p^*\theta_{F(p)}),$$

即

$$F^*(\omega\wedge\theta)(p)=((F^*\omega)\wedge(F^*\theta))(p).$$

由 p 的任意性及外微分形式外积的定义知

$$F^*(\omega\wedge\theta)=(F^*\omega)\wedge(F^*\theta).$$

4.1.4　Cartan 引理

在第一章,我们考虑了一般向量空间 V 上的 1 阶反称的协变张量,叙述了著名的 Cartan 引理,现在将此引理推广到外微分形式空间,即流形上反称的协变张量场.

定理 4.4　设 M 是 m 维 C^∞ 流形,$\omega_1,\omega_2,\cdots,\omega_s\in\Lambda^1(M)$,则 $\omega_1,\cdots,\omega_s$ 线性无关的充要条件是

$$\omega_1\wedge\cdots\wedge\omega_s\neq 0.$$

证明　设 $\omega_1,\cdots,\omega_s$ 线性无关,扩充成 $\Lambda^1(M)$ 上的一组基,$\omega_1,\cdots,\omega_s,\omega_{s+1},\cdots,\omega_m$,因为

$$\omega_1\wedge\cdots\wedge\omega_s\wedge\omega_{s+1}\wedge\cdots\wedge\omega_m\neq 0,$$

从而

$$\omega_1\wedge\cdots\wedge\omega_s\neq 0.$$

反之,若 $\omega_1\wedge\cdots\wedge\omega_s\neq 0$,如果 $\omega_1,\cdots,\omega_s$ 线性相关,不妨设

$$\omega_s=\lambda_1\omega_1+\cdots+\lambda_{s-1}\omega_{s-1},$$

则

$$\omega_1\wedge\cdots\wedge\omega_{s-1}\wedge\omega_s=0,$$

两式相矛盾,从而 $\omega_1,\cdots,\omega_s$ 线性无关.

定理 4.5(Cartan 引理)　设 $\omega_1,\cdots,\omega_s$ 和 $\varphi_1,\cdots,\varphi_s$ 是两组 1 阶外微分形式,且 $\sum_{i=1}^{s}\omega_i\wedge\varphi_i=0$. 如果 $\omega_1,\cdots,\omega_s$ 线性无关,则

$$\varphi_i = \sum_{j=1}^{s} a_{ij}\omega_j, a_{ij} = a_{ji}.$$

证明 因 $\omega_1,\cdots,\omega_s$ 线性无关,将它扩充为 $\Lambda^1(M)$ 的一组基 $\omega_1,\cdots,\omega_s,\omega_{s+1},\cdots,\omega_m$,又 $\varphi_i \in \Lambda^1(M)$,从而

$$\varphi_i = \sum_{j=1}^{s} a_{ij}\omega_j + \sum_{k=s+1}^{m} a_{ik}\omega_k,$$

从而

$$0 = \sum_{i=1}^{s}\omega_i \wedge \varphi_i = \sum_{i=1}^{s}\sum_{j=1}^{s} a_{ij}\omega_i \wedge \omega_j + \sum_{i=1}^{s}\sum_{k=s+1}^{m} a_{ik}\omega_i \wedge \omega_k$$

$$= \sum_{1\leqslant i<j\leqslant s}(a_{ij} - a_{ji})\omega_i \wedge \omega_j + \sum_{i=1}^{s}\sum_{k=s+1}^{m} a_{ik}\omega_i \wedge \omega_k,$$

因 $\{\omega_i \wedge \omega_j, \omega_i \wedge \omega_k \mid 1 \leqslant i < j \leqslant s, s+1 \leqslant k \leqslant m\}$ 是 $\Lambda^2(M)$ 的一组基的一部分,从而

$$a_{ij} = a_{ji}, a_{ik} = 0, k = s+1,\cdots,m.$$

§4.2 外微分算子 d

定义 4.3 设 M 是 m 维 C^∞ 流形,外代数 $\Lambda(M)$ 上的外微分算子 d 是映射

$$d:\Lambda^s(M) \to \Lambda^{s+1}(M);$$
$$\omega \mapsto d\omega,$$

满足

1) 如果 $s = 0, \omega = f \in C^\infty(M,\boldsymbol{R})$,则

$$d\omega(X) = Xf,$$

即函数的外微分就是普通的微分.

2) 设 (U,x^i) 是 M 的任一局部坐标系,$\omega \in \Lambda^s(M)$,

$$\omega = \sum_{1\leqslant i_1,\cdots,i_s\leqslant m}\omega_{i_1\cdots i_s}dx^{i_1} \wedge \cdots \wedge dx^{i_s}$$

$$= \frac{1}{s!}\sum_{i_1\cdots i_s}\omega_{i_1\cdots i_s}dx^{i_1} \wedge \cdots \wedge dx^{i_s}.$$

定义 ω 的外微分

$$d\omega = \sum_{1\leq i_1,\cdots,i_s\leq m} d\omega_{i_1\cdots i_s} \wedge dx^{i_1} \wedge \cdots \wedge dx^{i_s}$$
$$= \sum_{1\leq i_1,\cdots,i_{\leq} m} \sum_{j=1}^{m} \frac{\partial \omega_{i_1\cdots i_r}}{\partial x^j} dx^j \wedge dx^{i_1} \wedge \cdots \wedge dx^{i_s}.$$

其中 $\omega_{i_1\cdots i_s} = \omega(\frac{\partial}{\partial x^{i_1}},\cdots,\frac{\partial}{\partial x^{i_s}}) \in C^{\infty}(U,\boldsymbol{R})$.

定理 4.6　设 $\omega \in \Lambda^m(M)$，则 $d\omega = 0$，其中 $m = dimM$.

证明　设 (U,x^i) 是 M 的任一局部坐标系，则

$$\omega = fdx^1 \wedge dx^2 \wedge \cdots \wedge dx^m, f \in C^{\infty}(U,\boldsymbol{R}).$$

从而由 $dx^i \wedge dx^i = 0$ 得

$$d\omega = df \wedge dx^1 \wedge \cdots \wedge dx^m$$
$$= \sum_{i=1}^{m} \frac{\partial f}{\partial x^i} dx^i \wedge dx^1 \wedge \cdots \wedge dx^m = 0.$$

定理 4.7　d 是 $\boldsymbol{R}$——线性的，即 $\forall\, \omega,\tilde{\omega} \in \Lambda^s(M)$ 及 $\alpha,\beta \in \boldsymbol{R}$，则

$$d(\alpha\omega + \beta\tilde{\omega}) = \alpha d\omega + \beta d\tilde{\omega}.$$

证明　设 (U,x^i) 是 M 的局部坐标系，则 $\omega,\tilde{\omega}$ 的局部表示为

$$\omega = \sum_{1\leq i_1<i_2<\cdots<i_s\leq m} \omega_{i_1\cdots i_s} dx^{i_1} \wedge \cdots \wedge dx^{i_s},$$
$$\tilde{\omega} = \sum_{1\leq i_1<\cdots<i_s\leq m} \tilde{\omega}_{i_1\cdots i_s} dx^{i_1} \wedge \cdots \wedge dx^{i_s}.$$

于是

$$d(\alpha\omega + \beta\tilde{\omega}) = \sum_{1\leq i_1<\cdots<i_s\leq m} d(\alpha\omega_{i_1\cdots i_s} + \beta\tilde{\omega}_{i_1\cdots i_s}) \wedge dx^{i_1} \wedge \cdots \wedge dx^{i_s}$$
$$= \alpha \sum_{1\leq i_1<\cdots<i_s\leq m} d\omega_{i_1\cdots i_s} \wedge dx^{i_1} \wedge \cdots \wedge dx^{i_s}$$
$$+ \beta \sum_{1\leq i_1<\cdots<i_s\leq m} d\tilde{\omega}_{i_1\cdots i_s} \wedge dx^{i_1} \wedge \cdots \wedge dx^{i_s}$$
$$= \alpha d\omega + \beta d\tilde{\omega}.$$

定理 4.8　设 $\omega \in \Lambda^s(M)$，$\tilde{\omega} \in \Lambda^r(M)$，则

$$d(\omega \wedge \tilde{\omega}) = d\omega \wedge \tilde{\omega} + (-1)^s \omega \wedge d\tilde{\omega}.$$

证明 设(U,x^i)是M的局部坐标系,又

$$\omega = \sum_{1 \leqslant i_1 < \cdots < i_s \leqslant m} \omega_{i_1 \cdots i_s} dx^{i_1} \wedge \cdots \wedge dx^{i_s},$$

$$\tilde{\omega} = \sum_{1 \leqslant j_1 < \cdots < j_s \leqslant m} \tilde{\omega}_{j_1 \cdots j_r} dx^{j_1} \wedge \cdots \wedge dx^{j_r},$$

则

$$\begin{aligned}
d(\omega \wedge \tilde{\omega}) &= \sum_{\substack{1 \leqslant i_1 < \cdots < i_s \leqslant m \\ 1 \leqslant j_1 < \cdots < j_r \leqslant m}} d(\omega_{i_1 \cdots i_s} \cdot \tilde{\omega}_{j_1 \cdots j_r}) \\
&\quad \wedge dx^{i_1} \wedge \cdots \wedge dx^{i_s} \wedge dx^{j_1} \wedge \cdots \wedge dx^{j_r} \\
&= \sum_{\substack{1 \leqslant i_1 < \cdots < i_s \leqslant m \\ 1 \leqslant j_1 < \cdots < j_r \leqslant m}} (\tilde{\omega}_{j_1 \cdots j_r} d\omega_{i_1 \cdots i_s} + \omega_{i_1 \cdots i_s} d\tilde{\omega}_{j_1 \cdots j_r}) \\
&\quad \wedge dx^{i_1} \cdots \wedge dx^{i_s} \wedge dx^{j_1} \wedge \cdots \wedge dx^{j_r} \\
&= \Big(\sum_{1 \leqslant i_1 < \cdots < i_s \leqslant m} d\omega_{i_1 \cdots i_s} \wedge dx^{i_1} \wedge \cdots \wedge dx^{i_s} \Big) \\
&\quad \wedge \sum_{1 \leqslant j_1 < \cdots < j_r \leqslant m} \tilde{\omega}_{j_1 \cdots j_r} dx^{j_1} \wedge \cdots \wedge dx^{j_r} \\
&\quad + (-1)^s \Big(\sum_{1 \leqslant i_1 < \cdots < i_s \leqslant m} \omega_{i_1 \cdots i_s} dx^{i_1} \wedge \cdots \wedge dx^{i_s} \Big) \\
&\quad \wedge \Big(\sum_{1 \leqslant j_1 < \cdots < j_r \leqslant m} d\tilde{\omega}_{j_1 \cdots j_r} \wedge dx^{j_1} \wedge \cdots \wedge dx^{j_r} \Big) \\
&= d\omega \wedge \tilde{\omega} + (-1)^s \omega \wedge d\tilde{\omega}.
\end{aligned}$$

利用定理4.7和归纳法可证下面的推论.

推论1 设$\omega_1, \cdots, \omega_k \in \Lambda^1(M)$,则

$$d(\omega_1 \wedge \cdots \wedge \omega_k) = \sum_{i=1}^{k} (-1)^{i-1} \omega_1 \wedge \cdots \wedge d\omega_i \wedge \cdots \wedge \omega_k.$$

定理4.9(Poincare 引理)

$$d^2\omega = d(d\omega) = 0, \omega \in \Lambda^s(M).$$

证明 设(U,x^i)是M的局部坐标系,对于$\forall \omega \in \Lambda^s(M)$,

$$\omega = \sum_{1 \leqslant i_1 < \cdots < i_s \leqslant m} \omega_{i_1 \cdots i_s} dx^{i_1} \wedge \cdots \wedge dx^{i_s},$$

由于 d 是 $\boldsymbol{R}$— 线性的,只要对 ω 的一个单项进行证明,因此不妨设

$$\omega = f dx^{i_1} \wedge \cdots \wedge dx^{i_s}, f \in C^\infty(U, \boldsymbol{R}),$$

从而

$$d\omega = \sum_{i=1}^{m} \frac{\partial f}{\partial x^i} dx^i \wedge dx^{i_1} \wedge \cdots \wedge dx^{i_s},$$

$$\begin{aligned} d(d\omega) &= \sum_{i=1}^{m} \sum_{j=1}^{m} \frac{\partial^2 f}{\partial x^i \partial x^j} dx^j \wedge dx^i \wedge dx^{i_1} \wedge \cdots \wedge dx^{i_s} \\ &= \sum_{1 \leqslant i < j \leqslant m} \left(\frac{\partial^2 f}{\partial x^i \partial x^j} - \frac{\partial^2 f}{\partial x^j \partial x^i} \right) dx^j \wedge dx^i \wedge dx^{i_1} \wedge \cdots \wedge dx^{i_s}, \end{aligned}$$

而 $f \in C^\infty(U, \boldsymbol{R})$,从而

$$\frac{\partial^2 f}{\partial x^i \partial x^j} = \frac{\partial^2 f}{\partial x^j \partial x^i},$$

于是 $d(d\omega) = 0$.

特例

(1) 设 (x, y, z) 为 $\boldsymbol{R}^3$ 的笛卡尔直角坐标,$f \in C^\infty(\boldsymbol{R}^3, \boldsymbol{R})$,则

$$df = \frac{\partial f}{\partial x} dx + \frac{\partial f}{\partial y} dy + \frac{\partial f}{\partial z} dz$$

的系数构成的向量场是 f 的**梯度场**,即

$$\mathrm{grad} f = \left\{ \frac{\partial f}{\partial x}, \frac{\partial f}{\partial y}, \frac{\partial f}{\partial z} \right\}.$$

(2) 设 ω 是 $\boldsymbol{R}^3$ 上 1 次外微分形式

$$\omega = A dx + B dy + C dz, A, B, C \in C^\infty(\boldsymbol{R}^3, \boldsymbol{R}).$$

则

$$\begin{aligned} d\omega = &\left(\frac{\partial C}{\partial y} - \frac{\partial B}{\partial z} \right) dy \wedge dz + \left(\frac{\partial A}{\partial z} - \frac{\partial C}{\partial x} \right) dz \wedge dx \\ &+ \left(\frac{\partial B}{\partial x} - \frac{\partial A}{\partial y} \right) dx \wedge dy \end{aligned}$$

$$\triangleq \begin{vmatrix} dy \wedge dz & dz \wedge dx & dx \wedge dy \\ \dfrac{\partial}{\partial x} & \dfrac{\partial}{\partial y} & \dfrac{\partial}{\partial z} \\ A & B & C \end{vmatrix}.$$

若向量场 $X = A\vec{i} + B\vec{j} + C\vec{k}$,则 $d\omega$ 的系数构成向量场 X 的旋度场,

$$\mathrm{curl}X = \left(\frac{\partial C}{\partial y} - \frac{\partial B}{\partial z}\right)\vec{i} + \left(\frac{\partial A}{\partial z} - \frac{\partial C}{\partial x}\right)\vec{j} + \left(\frac{\partial B}{\partial x} - \frac{\partial A}{\partial y}\right)\vec{k}.$$

(3) 设 φ 为 $\boldsymbol{R}^3$ 上的 2 阶外微分形式

$$\varphi = Ady \wedge dz + Bdz \wedge dx + Cdx \wedge dy,$$

则

$$d\varphi = \left(\frac{\partial A}{\partial x} + \frac{\partial B}{\partial y} + \frac{\partial C}{\partial z}\right)dx \wedge dy \wedge dz.$$

此时 $d\varphi$ 的系数为向量场 X 的散度,

$$\mathrm{div}X = \frac{\partial A}{\partial x} + \frac{\partial B}{\partial y} + \frac{\partial C}{\partial z}.$$

由 Poincare 引理,$d^2 f = 0$,$d^2\omega = 0$,则给出古典场论的两个基本公式

$$\mathrm{curl}(\mathrm{grad}f) = 0;$$
$$\mathrm{div}(\mathrm{curl}X) = 0.$$

定理 4.10 设 $\omega \in \Lambda^s(M)$,$X_1, \cdots, X_{s+1} \in T(M)$,则

$$d\omega(X_1, \cdots, X_{s+1}) = \sum_{i=1}^{s+1} (-1)^{i+1} X_i(\omega(X_1, \cdots, \overset{\wedge}{X_i}, \cdots, X_{s+1}))$$
$$+ \sum_{i<j} (-1)^{i+j} \omega([X_i, X_j], X_1, \cdots, \overset{\wedge}{X_i}, \cdots, \overset{\wedge}{X_j}, \cdots, X_{s+1}),$$

其中 $\overset{\wedge}{X_i}$ 表示删去 X_i.

特别地

1) 当 $s = 1$ 时,即 $\omega \in \Lambda^1(M)$,$d\omega \in \Lambda^2(M)$,

$$d\omega(X_1, X_2) = X_1\omega(X_2) - X_2\omega(X_1) - \omega([X_1, X_2]).$$

2) 当 $s = 2$ 时,即 $\omega \in \Lambda^2(M)$,

$$
\begin{aligned}
d\omega(X_1,X_2,X_3) = {} & X_1\omega(X_2,X_3) - X_2\omega(X_1,X_3) \\
& + X_3\omega(X_1,X_2) - \omega([X_1,X_2],X_3) \\
& - \omega([X_2,X_3],X_1) + \omega([X_1,X_3],X_2).
\end{aligned}
$$

证明　仅证 $s=1$ 的情况,其他类似. 设 (U,x^i) 是 M 的局部坐标系,由于 d 是 $\boldsymbol{R}$—— 线性,只需对 ω 是一个单项考虑. 设

$$\omega = f dx^i, f \in C^\infty(U,\boldsymbol{R}),$$

$$d\omega = df \wedge dx^i.$$

$$
\begin{aligned}
d\omega(X_1,X_2) &= (df \wedge dx^i)(X_1,X_2) \\
&= df(X_1)dx^i(X_2) - df(X_2)dx^i(X_1) \\
&= (X_1 f)(X_2(x^i)) - (X_2 f)(X_1(x^i)),
\end{aligned}
$$

而

$$
\begin{aligned}
& X_1\omega(X_2) - X_2\omega(X_1) - \omega([X_1,X_2]) \\
= {} & X_1((fdx^i)(X_2)) - X_2((fdx^i)(X_1)) - (fdx^i)([X_1,X_2]) \\
= {} & X_1(f\cdot X_2(x^i)) - X_2(f\cdot X_1(x^i)) - f([X_1,X_2](x^i)) \\
= {} & (X_1 f)(X_2(x^i)) - (X_2 f)(X_1(x^i)),
\end{aligned}
$$

于是结论成立.

设 M、N 分别是 m 维和 n 维 C^∞ 流形,$F:M\to N$ 是 C^∞ 映射,它诱导了外微分形式间的拉回映射

$$F^*:\Lambda^s(N)\to\Lambda^s(M).$$

且 F^* 与外积 Λ 可交换,即

$$F^*(\omega\wedge\tilde{\omega}) = (F^*\omega)\wedge(F^*\tilde{\omega}).$$

下面我们可以证明 F^* 与 d 也是可交换的.

定理 4.11　设 $F:M\to N$ 是 C^∞ 流形间的 C^∞ 映射,则 $\forall\omega\in\Lambda^s(N)$,有

$$d_M(F^*\omega) = F^*(d_N\omega).$$

证明　设 (U,x^i),(V,y^j) 分别是 M、N 的局部坐标系,由于 F^* 及 d 都是线性的,只需对单项式

$$\omega = \omega_{j_1\cdots j_s}dy^{j_1}\wedge\cdots\wedge dy^{j_s}\in\Lambda^s(N)$$

给以证明. 事实上,

$$F^*(dy^j) = \sum_{i=1}^{m} \frac{\partial y^j}{\partial x^i} dx^i = d(y^j \circ F) = d(F^* y^j),$$

$$F^*(d\omega_{j_1 \cdots j_s}) = d(\omega_{j_1 \cdots j_s} \circ F) = d(F^* \omega_{j_1 \cdots j_s}).$$

从而

$$\begin{aligned} F^*(d\omega) &= F^*(d\omega_{j_1 \cdots j_s} \wedge dy^{j_1} \wedge \cdots \wedge dy^{j_s}) \\ &= F^*(d\omega_{j_1 \cdots j_s}) \wedge F^*(dy^{j_1}) \wedge \cdots \wedge F^*(dy^{j_s}) \\ &= d(\omega_{j_1 \cdots j_s} \circ F) \wedge d(y^{j_1} \circ F) \wedge \cdots \wedge d(y^{j_s} \circ F), \end{aligned}$$

又

$$\begin{aligned} F^* \omega &= F^*(\omega_{j_1 \cdots j_s} dy^{j_1} \wedge \cdots \wedge dy^{j_s}) \\ &= (\omega_{j_1 \cdots j_s} \circ F) \cdot F^*(dy^{j_1}) \wedge \cdots \wedge F^*(dy^{j_s}) \\ &= (\omega_{j_1 \cdots j_s} \circ F) \cdot d(y^{j_1} \circ F) \wedge \cdots \wedge d(y^{j_s} \circ F). \end{aligned}$$

从而由定理 4.8 的推论 1 及 $d^2 = 0$ 得

$$d(F^* \omega) = d(\omega_{j_1 \cdots j_s} \circ F) \wedge d(y^{j_1} \circ F) \wedge \cdots \wedge d(y^{j_s} \wedge F).$$

于是

$$F^*(d\omega) = d(F^* \omega).$$

§4.3 外微分形式的积分 Stokes 定理

本节目的是在 m 维 C^∞ 流形上定义 m 阶外微分形式的积分,积分是把流形的局部性质和整体性质联系起来的有力手段. 在理论上有许多应用,最后叙述外微分形式积分的基本定理——Stokes 定理. 它是微积分基本定理在流形上的推广.

4.3.1 流形的定向

定义 4.4 设 M 是 m 维的光滑流形,如果 M 上存在一个处处不为零的 m 阶外微分形式 $\omega \in \Lambda^m(M)$,则称 M 是可定向的,且 ω 给出 M 的一个定向.

如果$\omega_1,\omega_2 \in \Lambda^m(M)$,且$\omega_2 = f\omega_1, f > 0$,则$\omega_1,\omega_2$确定了$M$的同一个定向,对于连通的定向流形$M$,因$\omega$处处不为零,所以只有两种情况:

1) $\omega > 0$,此时称ω给出了M的一个**自然定向**;

2) $\omega < 0$,此时称ω给出了M的一个**相反定向**.

定理4.12　m维光滑流形M具有自然定向的充要条件是存在M的一个相容坐标卡集

$$\mathscr{A} = \{(U_\alpha,\varphi_\alpha)\},$$

使得$\{U_\alpha\}$构成M的开覆盖,并且若$U_\alpha \cap U_\beta \neq \emptyset$,其坐标变换

$$\varphi_\beta \circ \varphi_\alpha^{-1}:\varphi_\alpha(U_\alpha \cap U_\beta)(\subset \boldsymbol{R}^m) \to \varphi_\beta(U_\alpha \cap U_\beta) \subset \boldsymbol{R}^m,$$

$$y^i = y^i(x^1,\cdots,x^m),(i = 1,2,\cdots,m)$$

的 Jacobi 行列式

$$\det \frac{\partial(y^1,\cdots,y^m)}{\partial(x^1,\cdots,x^m)} > 0.$$

证明　设$\omega \in \Lambda^m(M)(\omega \neq 0)$,给出了$M$的一个自然定向,则$\forall p \in (U_\alpha,\varphi_\alpha;x^i)$及$(U_\beta,\varphi_\beta;y^i)$,

有

$$\omega = fdx^1 \wedge \cdots \wedge dx^m, \omega = gdy^1 \wedge \cdots \wedge dy^m, \quad f,g > 0,$$

于是

$$dy^1 \wedge \cdots \wedge dy^m = \frac{f}{g}dx^1 \wedge \cdots \wedge dx^m,$$

另一方面

$$dy^1 \wedge \cdots \wedge dy^m = det\frac{\partial(y^1,\cdots,y^m)}{\partial(x^1,\cdots,x^m)}dx^1 \wedge \cdots \wedge dx^m,$$

从而

$$\det \frac{\partial(y^1,\cdots,y^m)}{\partial(x^1,\cdots,x^m)} = \frac{f}{g} > 0.$$

反之

设 $\mathscr{A} = (U_\alpha, \varphi_\alpha; x_\alpha^i)$ 是满足定理条件的相容的坐标图集，$\{f_\alpha\}$ 是从属于 $\{U_\alpha\}$ 的单位分解，$\mathrm{supp} f_\alpha \subset U_\alpha$. 令

$$\omega = \sum_\alpha f_\alpha dx_\alpha^1 \wedge dx_\alpha^2 \wedge \cdots \wedge dx_\alpha^m \in \Lambda^m(M).$$

下面要证 $\forall p \in M, \omega_p > 0$，从而 ω 给出了 M 的一个自然定向．事实上，设 $(U, \varphi; y^i)$ 是 M 在 p 点的坐标图，如果 $U \cap U_\alpha \neq \emptyset$，则 $U \cap U_\alpha$ 上有

$$dx_\alpha^1 \wedge \cdots \wedge dx_\alpha^m = g_\alpha dy^1 \wedge \cdots \wedge dy^m, g_\alpha \in C^\infty(U \cap U_\alpha, \boldsymbol{R})$$

由于 $(U, \varphi), (U_\alpha, \varphi_\alpha) \in \mathscr{A}$，故 $g_\alpha |_{U \cap U_\alpha} > 0, f_\alpha(p) > 0$，$f_\alpha(p) \cdot g_\alpha(p) \geqslant 0$，再由

$$\sum_\alpha f_\alpha(p) = 1,$$

可知存在 $f_{\alpha_0}(p) > 0$，因而 $f_{\alpha_0}(p) \cdot g_{\alpha_0}(p) \geqslant 0$.
于是

$$\sum_\alpha f_\alpha(p) \cdot g_\alpha(p) \geqslant 0.$$

这样

$$\begin{aligned} \omega(p) &= \sum_\alpha f_\alpha dx_\alpha^1 \wedge \cdots \wedge dx_\alpha^m \\ &= \Big(\sum_\alpha g_\alpha(p) \cdot f_\alpha(p) \Big) dy^1 \wedge \cdots \wedge dy^m \neq 0. \end{aligned}$$

4.3.2　带边流形和它的定向

记 $H^m = \{x = (x^1, \cdots, x^m) \in \boldsymbol{R}^m \mid x^m \geqslant 0\}$ 表示欧氏上半空间，$\partial H^m = \{x \in H^m \mid x^m = 0\}$ 表示 H^m 的边界，H^m 的拓扑取为它在 $\boldsymbol{R}^m$ 中的相对拓扑．

定义 4.5　设 M 是具有可数个拓扑基的 Hausdorff 拓扑空间，如果 M 存在微分构造

$$\mathscr{A} = \{(U_\alpha, \varphi_\alpha) \mid \varphi_\alpha : U_\alpha \to \varphi_\alpha(U_\alpha) \subset H^m\},$$

则称 $(M, \mathscr{A})$ 是带边的 m 维 C^∞ 微分流形，M 的边界记为

$$\partial M \triangleq \{p \in M \mid \forall (U_\alpha,\varphi_\alpha) \in \mathscr{A}, \varphi_\alpha(p) \in \partial H^m\},$$

即 $\forall p \in \partial M$,p 点的局部坐标为$(x^1,\cdots,x^{m-1},0)$.

注　(i) m 维 C^∞ 流形$(M,\mathscr{A})$ 的边界 ∂M 亦是 M 的 $m-1$ 维 C^∞ 微分流形,其微分结构

$$\widetilde{\mathscr{A}} = \{(\widetilde{U}_\alpha,\tilde{\varphi}_\alpha) \mid \widetilde{U}_\alpha = U_\alpha \cap \partial M, \tilde{\varphi}_\alpha = \varphi_\alpha|_{\widetilde{U}_\alpha \cap \partial M}, (U_\alpha,\varphi_\alpha) \in \mathscr{A}\}.$$

(ii) 如果 M 是 m 维可定向的微分流形 $\partial M \neq \emptyset$,则 ∂M 也是可定向的. 事实上,对于 $\forall p \in \partial M$,$(U,\varphi;x^i)$ 和$(V,\varphi;y^i)$ 是点 p 的两个坐标系,有

$$dy^1 \wedge \cdots \wedge dy^m = \det \frac{\partial(y^1,\cdots,y^m)}{\partial(x^1,\cdots,x^m)} dx^1 \wedge \cdots \wedge dx^m,$$

其中

$$\det \frac{\partial(y^1,\cdots,y^m)}{\partial(x^1,\cdots,x^m)} > 0. \tag{1}$$

由于 $p \in \partial M \cap U \cap V$,所以 $x^m = 0, y^m = 0$,故$(U,\varphi;x^1,\cdots,x^{m-1})$ 和$(V,\varphi;y^1,\cdots,y^{m-1})$ 是 ∂M 在 p 点的坐标系,于是

$$\det \frac{\partial(y^1,\cdots,y^m)}{\partial(x^1,\cdots,x^m)}\Big|_{\varphi(p)} = \det \frac{\partial(y^1,\cdots,y^{m-1})}{\partial(x^1,\cdots,x^{m-1})} \cdot \frac{\partial y^m}{\partial x^m}. \tag{2}$$

现设

$$\varphi(p) = (a^1,\cdots,a^{m-1},0),$$

令

$$f(t) = y^m(a^1,\cdots,a^{m-1},t), t \geqslant 0,$$

则 $f(t) \geqslant 0$. 且

$$\frac{\partial y^m}{\partial x^m}\Big|_{\varphi(p)} = f'(0) = \lim_{t\to 0^+} \frac{f(t)}{t} \geqslant 0. \tag{3}$$

由(1)、(2)、(3) 可知

$$\det \frac{\partial(y^1,\cdots,y^{m-1})}{\partial(x^1,\cdots,x^{m-1})} > 0, \text{且} \frac{\partial y^m}{\partial x^m} > 0,$$

于是 ∂M 是可定向的.

4.3.3 流形上的 m 阶外微分形式 ω 的积分与 Stokes 定理

设 ω 是 m 维微分流形 M 上连续的 m 阶外微分形式，$(U,\varphi;x^i)$ 是 M 的一个局部坐标系，则

$$\omega = fdx^1 \wedge \cdots \wedge dx^m, \quad f \in C^\infty(M,\boldsymbol{R}),$$

从而

$$\begin{aligned}(\varphi^{-1})^*(\omega) &= (f\circ\varphi^{-1})d(x^1\circ\varphi^{-1}) \wedge \cdots \wedge d(x^m\circ\varphi^{-1}) \\ &= f\circ\varphi^{-1}dr^1 \wedge \cdots \wedge dr^m \in \Lambda^m(\boldsymbol{R}^m).\end{aligned}$$

其中 $f\circ\varphi^{-1}$ 是 $\varphi(U)$ 上的 m 元可积函数．为方便，记 r^i 为 x^i，$f\circ\varphi^{-1}$ 为 f，则

$$(\varphi^{-1})^*(\omega) \triangleq fdx^1 \wedge \cdots \wedge dx^m \in \Lambda^m(\boldsymbol{R}^m).$$

定义 4.6 设 ω 是定向 m 维流形 M 的连续的 m 阶外微分形式．$(U,\varphi;x^i)$ 是 M 的一个坐标系，则

$$\omega = fdx^1 \wedge \cdots \wedge dx^m, \quad f \in C^0(U,\boldsymbol{R}),$$

在 U 的积分 $\int_U \omega$ 定义为 $f\circ\varphi^{-1}$ 在 $\varphi(U)$ 上的 m 重 Riemann 积分，即

$$\begin{aligned}\int_U \omega &\triangleq \int_{\varphi(U)} (\varphi^{-1})^*\omega \\ &= \int\underset{\varphi(U)}{\cdots}\int (f\circ\varphi^{-1})dr^1dr^2\cdots dr^m \\ &\xlongequal{\text{记为}} \int\underset{\varphi(U)}{\cdots}\int fdx^1\cdots dx^m.\end{aligned}$$

现在定义 m 阶外微分形式在整个流形 M 上的积分．

定义 4.7 设 ω 是定向流形 M^m 上的连续的 m 阶外微分形式，$\{(U_\alpha,\varphi_\alpha)\}$ 是 M 的坐标卡集，$\{h_\alpha\}$ 是从属于 $\{U_\alpha\}$ 的单位分解，于是 $\omega = \sum\limits_\alpha h_\alpha\omega$，这样 ω 在 M 上的积分定义为

$$\begin{aligned}\int_M \omega &\triangleq \sum_\alpha \int_M h_\alpha\omega = \sum_\alpha \int_{\varphi_\alpha(U_\alpha)} (\varphi_\alpha^{-1})^*(h_\alpha\omega) \\ &= \sum_\alpha \int_{\varphi_\alpha(U_\alpha)} ((h_\alpha\cdot a_\alpha)\circ\varphi_\alpha^{-1})dx_\alpha^1 \wedge \cdots \wedge dx_\alpha^m.\end{aligned}$$

其中

$$\omega|_{U_\alpha} = a_\alpha dx_\alpha^1 \wedge \cdots \wedge dx_\alpha^m, \quad a_\alpha \in C^\infty(U, \mathbf{R}).$$

注　积分值$\int_M \omega$与M的坐标卡$\{(U_\alpha, \varphi_\alpha)\}$选取无关，也与从属于$\{U_\alpha\}$的单位分解选取无关．第一条是由 Riemann 积分的变量替换性质保证，第二条是因为：

设$\{\tilde{h}_\alpha\}$是从属于$\{U_\alpha\}$的另一个单位分解，则

$$\sum_\alpha h_\alpha = \sum_\alpha \tilde{h}_\alpha = 1,$$

且$h_\alpha, \tilde{h}_\alpha$只在有限个$U_\alpha$上不为零．定义中的积分是有限和，故

$$\begin{aligned}\int_M \omega &= \sum_\alpha \int_{U_\alpha} \tilde{h}_\alpha \omega = \sum_\alpha \int_M \tilde{h}_\alpha \sum_\beta h_\beta \omega \\ &= \sum_{\alpha,\beta} \int_M \tilde{h}_\alpha h_\beta \omega \\ &= \sum_\beta \int_M \sum_\alpha \tilde{h}_\alpha h_\beta \omega \\ &= \sum_\beta \int_M h_\beta \omega.\end{aligned}$$

最后，叙述流形上微积分的基本定理——Stokes 定理．

定理 4.13（Stokes 定理）①　设M是可定向的m维C^∞流形，ω是M上的连续的$(m-1)$阶外微分形式，则

$$\int_M d\omega = \int_{\partial M} \omega.$$

当$\partial M = \emptyset$时

$$\int_{\partial M} \omega = 0.$$

注　Stokes 定理在$\mathbf{R}^n$中的特例．

（1）当$n = 1$时，$D = [a, b]$，$\partial D = \{b\} \cup \{a\}$，$\omega$为 0 次形式，即$\omega = f(x)$，则

---

① 参见陈维桓著：《微分流形初步》，北京：高等教育出版社，2001 年版．

$$\int_a^b df = \int_{\partial D} f = f(b) - f(a),$$

这就是 Newton-Leibeniz 公式.

(2) 当 $n = 2$ 时,D 就是 $\boldsymbol{R}^2$ 中有界区域,∂D 为曲线,$\omega = P(x, y)dx + \varphi(x,y)dy$,从而

$$d\omega = (\frac{\partial \varphi}{\partial x} - \frac{\partial P}{\partial y}) dx \wedge dy,$$

此时 Stokes 公式

$$\int_D d\omega = \int_{\partial D} \omega,$$

即

$$\int_D (\frac{\partial \varphi}{\partial x} - \frac{\partial P}{\partial y}) dx \wedge dy = \int_{\partial D} Pdx + \varphi dy,$$

这就是 Green 公式.

(3) 当 $n = 3$ 时,D 为 $\boldsymbol{R}^3$ 中有界区域,∂D 为闭曲面,ω 为 $\boldsymbol{R}^3$ 中 2-形式,即

$$\omega = Pdy \wedge dz + \varphi dz \wedge dx + Rdx \wedge dy,$$

此时

$$d\omega = (\frac{\partial P}{\partial x} + \frac{\partial \varphi}{\partial y} + \frac{\partial R}{\partial z}) dx \wedge dy \wedge dz,$$

于是由 Stokes 公式就得到 $\boldsymbol{R}^3$ 中奥高公式

$$\int_D (\frac{\partial P}{\partial x} + \frac{\partial \varphi}{\partial y} + \frac{\partial R}{\partial z}) dx \wedge dy \wedge dz$$

$$= \int_{\partial D} Pdy \wedge dz + \varphi dz \wedge dx + Rdx \wedge dy.$$

(4) 当 $n = 3$ 时,D 为 $\boldsymbol{R}^3$ 中有界曲面片,∂D 为闭曲面,ω 为 $\boldsymbol{R}^3$ 中 1- 形式.

$$\omega = Pdx + \varphi dy + Rdz,$$

则由 Stokes 公式得

$$\int_{\partial D} Pdx + \varphi dy + Rdz = \int_D \begin{vmatrix} dy \wedge dz & dz \wedge dx & dx \wedge dy \\ \frac{\partial}{\partial x} & \frac{\partial}{\partial y} & \frac{\partial}{\partial z} \\ P & \varphi & R \end{vmatrix},$$

将曲面积分化为曲线积分，这就是 $\boldsymbol{R}^3$ 中的 Stokes 公式.

问题与练习

1. 设 (U,x^i)，(V,y^j) 分别是 m 维 C^∞ 流形 M 在 p 点的两个局部坐标系，试求 $\Lambda^s(M)$ 的两个局部基之间的变换公式，当 $s = m$（M 的维数时），变换式是什么？

2. 设

$$\omega = xydx + zdy - yzdz,$$
$$\eta = xdx - yz^2dy - 2xdz.$$

求：(1) $d\omega$；(2) $d\eta$；(3) $d\omega \wedge \eta - \omega \wedge d\eta$.

3. 在 $\boldsymbol{R}^n$ 中寻求一 C^∞ 的 $(n-1)$ 阶外微分形式 ω，使得

$$d\omega = dx^1 \wedge \cdots \wedge dx^n.$$

4. 如果 $\omega \in \Lambda^2(M)$，问 $\omega \wedge \omega = 0$？举例说明.

5. 设 M、N 分别是 m 维、n 维光滑流形，$F: M \to N$ 是 C^∞ 映射，则

$$F^*(\omega \otimes \theta) = F^*\omega \otimes F^*\theta,$$

其中

$$\omega \in \Lambda^r(N), \theta \in \Lambda^s(N).$$

6. 设 $\omega_1, \cdots, \omega_k \in \Lambda^1(M)$，证明

$$d(\omega_1 \wedge \cdots \wedge \omega_k) = \sum_{i=1}^{k} (-1)^{i-1} \omega_1 \wedge \cdots \wedge d\omega_i \wedge \cdots \wedge \omega_k.$$

7. 设 $U = \boldsymbol{R}/\{0\}$，令 $\omega = (-ydx + xdy)/(x^2 + y^2)$，求 $d\omega$.

8. 设 $\omega = \sum_{i=1}^{n} (-1)^{i-1} f_i dx^1 \wedge \cdots \wedge \widehat{dx^i} \wedge \cdots \wedge dx^n$ 是 $\boldsymbol{R}^n$ 中 C^∞ 的 $(n-1)$ 阶外微分形式，M 是 $\boldsymbol{R}^n$ 中开集，写出相应的 Stokes 定理.

9. 设 $D^2 = [0,1] \times [0,1] \subset R^2$，$f(x_1, x_2) = x_1^2 + x_2^2$，$\omega = fdx_1 \wedge$

dx_2,求$\int_{D^2}\omega$.

10. 设M是$\boldsymbol{R}^n$中$k+l+1$维有向无边紧致嵌入子流形,ω,η分别定义在$\boldsymbol{R}^n$中包含M在内的一个开子集上k次和l次外微分形式.证明:存在某个常数a,使得

$$\int_M \omega \wedge d\eta = a\int_M d\omega \wedge \eta.$$

11. 设ω是m维单位球面S^m上的C^∞ $(m-1)$次外微分形式,证明:$\int_{S^m} d\omega = 0$.

第五章　仿射联络空间

在微分流形上,光滑的微分结构确定了流形上的光滑函数的概念,继而根据光滑函数,我们定义了切向量、光滑的切向量场、光滑的张量场及外微分形式等. 定义了光滑函数 f 关于切向量 $X_p \in T_p(M)$ 的方向导数 X_pf. 一个自然的问题是,光滑的切向量场、光滑的张量场能否关于切向量 X_p 求导数?为此,我们要在流形上构造一种新的结构,这种结构就是流形上的仿射联络 ∇. 它是流形上重要的几何概念,起源于古典微分几何中曲面上向量的平行移动,由此产生了一种新的微分法则,即所谓的共变导数、共变微分.

§5.1　仿射联络

5.1.1　仿射联络的定义及局部表示

定义 5.1　设 M 是 m 维光滑流形,$\mathscr{X}(M)$ 为 M 上的光滑向量场组成的空间,M 上的一个**仿射联络** ∇ 是一个映射

$$\nabla:\mathscr{X}(M)\times\mathscr{X}(M)\to\mathscr{X}(M);(X,Y)\mapsto\nabla_XY,$$

使得对 $\forall X,Y,Z\in\mathscr{X}(M)$ 及 $\forall f,g\in C^\infty(M,\boldsymbol{R})$,满足下列条件

(1) $\nabla_X(fY+gZ)=(Xf)Y+f\nabla_XY+(Xg)Z+g\nabla_XZ$,

(2) $\nabla_{(fX+gY)}Z=f\nabla_XZ+g\nabla_YZ$.

∇_XY 称为 Y 沿切向量场 X 的**共变导数**,称 ∇ 为 M 的一个**仿射联络**,(M,∇) 称为**仿射联络空间**.

设(U,φ)是含点$p\in M$的坐标图，$\{e_i\}$为U上局部基向量场，$\{\omega^i\}$是其对偶标架场，则

$$X=\omega^i(X)e_i,Y=\omega^i(Y)e_i. \tag{5.1}$$

根据定义，我们有

$$\nabla_X Y=\nabla_X(\omega^i(Y)e_i)=X(\omega^i(Y))e_i+\omega^i(Y)\nabla_X e_i,$$

由此可知，$\nabla_X Y$完全由$\nabla_X e_i$确定，由于$\nabla_X e_i\in\mathscr{X}(M)$，可设

$$\nabla_X e_i=\omega_i^j(X)e_j,\omega_i^j(X)\in C^\infty(M,\boldsymbol{R}), \tag{5.2}$$

由∇的性质(2)可知，

$$\omega_i^j:\mathscr{X}(M)\to C^\infty(M,\boldsymbol{R})$$

是光滑1阶外微分形式(ω_i^j是$\mathscr{X}(M)$上的线性映射)，称为**仿射联络1－形式**，于是

$$\omega_j^i=\Gamma_{kj}^i\omega^k,\Gamma_{kj}^i=\omega_j^i(e_k), \tag{5.3}$$

或

$$\Gamma_{ij}^k e_k=\nabla_{e_i}e_j,\Gamma_{ij}^k\in C^\infty(U,\boldsymbol{R}), \tag{5.4}$$

Γ_{ij}^k称为仿射联络的**联络系数**．于是，仿射联络的局部表示式为

$$\nabla_X Y=[X(\omega^k(Y))+\Gamma_{ij}^k\omega^i(X)\omega^j(Y)]e_k. \tag{5.5}$$

特别地，在自然标架$\{\frac{\partial}{\partial x^i}\}$下，

$$X=X^i\frac{\partial}{\partial x^i},Y=Y^j\frac{\partial}{\partial x^j},$$

$$\nabla_X Y=(X^i\frac{\partial Y^k}{\partial x^i}+\Gamma_{ij}^k X^i Y^j)\frac{\partial}{\partial x^k},$$

$$\nabla_{\frac{\partial}{\partial x^i}}\frac{\partial}{\partial x^j}=\Gamma_{ij}^k\frac{\partial}{\partial x^k}.$$

例1　设$M^m=\boldsymbol{R}^m,Y=Y^i\frac{\partial}{\partial x^i}\in\mathscr{X}(\mathbf{R}^m)$，对$\forall X\in\mathscr{X}(\boldsymbol{R}^m)$，定义

$$\nabla_X Y\triangleq X(Y^i)\frac{\partial}{\partial x^i},$$

则 ∇ 是 $\boldsymbol{R}^m$ 上的仿射联络.

证明　设 $Z = Z^i \frac{\partial}{\partial x^i} \in \mathscr{X}(\boldsymbol{R}^m)$ 及 $f, g \in C^\infty(\boldsymbol{R}^m, \boldsymbol{R})$,则

$$(1)\ \nabla_X (fY + gZ) = \nabla_X (fY^i + gZ^i) \frac{\partial}{\partial x^i}$$

$$= X(fY^i + gZ^i) \frac{\partial}{\partial x^i}$$

$$= [(Xf)Y^i + fX(Y^i) + (Xg)Z^i + gX(Z^i)] \frac{\partial}{\partial x^i}$$

$$= (Xf)Y^i \frac{\partial}{\partial x^i} + fX(Y^i) \frac{\partial}{\partial x^i} + (Xg)Z^i \frac{\partial}{\partial x^i}$$

$$+ gX(Z^i) \frac{\partial}{\partial x^i}$$

$$= (Xf)Y + f\nabla_X Y + (Xg)Z + g\nabla_X Z.$$

$$(2)\ \nabla_{fX+gY} Z = (fX + gY)Z^i \frac{\partial}{\partial x^i}$$

$$= f\nabla_X Z + g\nabla_Y Z.$$

故 ∇ 是 $\boldsymbol{R}^m$ 上的仿射联络,其联络系数

$$\Gamma_{ij}^k \frac{\partial}{\partial x^k} = \nabla_{\frac{\partial}{\partial x^i}} \frac{\partial}{\partial x^j} = 0.$$

于是 $\Gamma_{ij}^k = 0$,此时称 ∇ 是平坦的,因此,$\boldsymbol{R}^m$ 是平坦的仿射联络空间.

注　$\forall p \in M, X, Y \in \mathscr{X}(M)$,
则$(\nabla_X Y)(p)$ 只依赖于 X_p,即若 $X, \tilde{X} \in \mathscr{X}(M), X_p = \tilde{X}_p$,则

$$(\nabla_X Y)(p) = (\nabla_{\tilde{X}} Y)(p).$$

5.1.2　仿射联络的存在性定理

定理 5.1　任何 C^∞ 微分流形 M^m 上一定存在仿射联络.

证明　设$(U_\alpha, \varphi_\alpha)$ 是 M 的坐标覆盖,$\{h_\alpha\}$ 是从属于$\{U_\alpha\}$ 的单

位分解,在每个坐标域 U_α 上,定义平坦仿射联络 ∇^α,

$$\nabla^\alpha_{X|_{U_\alpha}} Y|_{U_\alpha} = X(Y^i)\frac{\partial}{\partial x^i},$$

其中 $Y = Y^i\dfrac{\partial}{\partial x^i}$,在 M^m 上定义联络 ∇ 为

$$\nabla_X Y = \sum_\alpha h_\alpha \nabla^\alpha_{X|_{U_\alpha}} Y|_{U_\alpha},\ \sum_\alpha h_\alpha = 1,$$

可以证明 ∇ 是 M^m 上的线性联络. 事实上

$$\begin{aligned}(1)\ \nabla_X(fY+gZ) &= \sum_\alpha h_\alpha \nabla^\alpha_{X|_{U_\alpha}}(fY|_{U_\alpha} + gZ|_{U_\alpha})\\ &= \sum_\alpha h_\alpha[(Xf)Y + f\nabla^\alpha_X Y + (Xg)Z + g\nabla^\alpha_X Z]\\ &= (Xf)Y + f\nabla_X Y + (Xg)Z + g\nabla_X Z.\end{aligned}$$

$$\begin{aligned}(2)\ \nabla_{fX+gY}Z &= \sum_\alpha h_\alpha \nabla^\alpha_{fX|_{U_\alpha}+gY|_{U_\alpha}} Z|_{U_\alpha}\\ &= \sum_\alpha h_\alpha(f\nabla^\alpha_X Z + g\nabla^\alpha_Y Z)\\ &= f\nabla_X Z + g\nabla_Y Z.\end{aligned}$$

所以 ∇ 是 M^m 上的线性联络.

注 C^∞ 流形上的仿射联络不唯一.

5.1.3 仿射联络的挠率和曲率

设 ∇ 是微分流形 M 上的仿射联络,定义映射

$$T:\mathscr{X}(M)\times\mathscr{X}(M)\to\mathscr{X}(M);(X,Y)\mapsto T(X,Y),$$

为

$$T(X,Y) = \nabla_X Y - \nabla_Y X - [X,Y],$$

T 称为仿射联络的挠率,若 $T\equiv 0$,则称 ∇ 是无挠的,它具有下列性质:

(1) 反称性

$$T(X,Y) = -T(Y,X).$$

(2) $C^\infty(M,\boldsymbol{R})$ 双线性性

$$T(fX_1+gX_2,Y)=fT(X_1,Y)+gT(X_2,Y),$$
$$T(X,fY_1+gY_2)=fT(X,Y_1)+gT(X,Y_2).$$

于是由 T 诱导了 M 上的 $(1,2)$ 型张量场

$$\tilde{T}:T^*(M)\times T(M)\times T(M)\to C^\infty(M,\boldsymbol{R}),$$
$$\tilde{T}(\omega,X,Y)\triangleq\omega(T(X,Y)).$$

设 (U,φ) 是 M 的一个坐标图，$\{e_i\}$ 是 U 上的局部基向量场，$\{\omega^i\}$ 是其对偶

$$T(X,Y)=T^i(X,Y)e_i,$$
$$\nabla_{e_i}e_j=\Gamma_{ij}^k e_k,T(e_i,e_j)=T_{ij}^k e_k,$$
$$[e_i,e_j]=C_{ij}^k e_k,$$

则

$$T_{ij}^k=-T_{ji}^k;T_{ij}^k=\Gamma_{ij}^k-\Gamma_{ji}^k-C_{ij}^k.$$

特别当，

$$e_i=\frac{\partial}{\partial x^i},X=X^i\frac{\partial}{\partial x^i},Y=Y^j\frac{\partial}{\partial x^j},$$

有

$$T_{ij}^k=\Gamma_{ij}^k-\Gamma_{ji}^k,$$
$$T(X,Y)=\sum_{i,j,k}T_{ij}^k X^i Y^j\frac{\partial}{\partial x^k}.$$

于是 T_{ij}^k 是 $(1,2)$ 型张量场的系数，即

$$\tilde{T}=\sum_{i,j,k}T_{ij}^k\frac{\partial}{\partial x^k}\otimes dx^i\otimes dx^j,$$

且 ∇ 无挠当且仅当 $\Gamma_{ij}^k=\Gamma_{ji}^k$，称 T^i 为 ∇ 的**挠率形式**.

再定义映射

$$R(X,Y):\mathscr{X}(M)\to\mathscr{X}(M);$$
$$Z\mapsto R(X,Y)Z,$$
$$R(X,Y)Z\triangleq\nabla_X\nabla_Y Z-\nabla_Y\nabla_X Z-\nabla_{[X,Y]}Z,$$

$R(X,Y)$ 称为仿射联络的**曲率算子**，映射

$$R:\mathscr{X}(M)\times\mathscr{X}(M)\times\mathscr{X}(M)\to\mathscr{X}(M);$$
$$(X,Y,Z)\mapsto R(X,Y,Z)\triangleq R(Z,Y)Z$$

称为仿射联络的曲率张量．曲率算子及曲率张量 R 具有下列性质：

(1) $R(X,Y)=-R(Y,X)$，从而 $R(X,X)=0$.

(2) R 具有 $C^\infty(M,\boldsymbol{R})$ 三重线性性，从而 R 诱导了 M 上的(1,3)型张量场

$$\tilde{R}:T^*(M)\times T(M)\times T(M)\times T(M)\to C^\infty(M,\boldsymbol{R}),$$
$$\tilde{R}(\omega,X,Y,Z)\triangleq\omega(R(X,Y)Z).$$

在局部基 $\{e_i\}$ 下，由于 $R(X,Y)Z\in\mathscr{X}(M)$，故

$$R(X,Y)e_i\triangleq\Omega_i^j(X,Y)e_j,$$

确定了 M 上的 m^2 个 2 阶外微分形式 Ω_i^j，称为 ∇ 的曲率形式．在局部基 $\{e_i\}$ 下，设

$$\nabla_{e_i}e_j=\Gamma_{ij}^k e_k,\ [e_i,e_j]=C_{ij}^k e_k,$$
$$R(e_j,e_k)e_i=R_{ijk}^l e_l.$$

则

(1) $R_{ijk}^l=-R_{ikj}^l$,

(2) $R_{ijk}^l=\Gamma_{js}^l\Gamma_{ki}^s-\Gamma_{ks}^l\Gamma_{ji}^s+e_j(\Gamma_{ki}^l)-e_k(\Gamma_{ji}^l)-C_{jk}^s\Gamma_{si}^l$,

(3) $T^i=\dfrac{1}{2}T_{jk}^i\omega^j\wedge\omega^k=\sum\limits_{j<k}T_{jk}^i\omega^j\wedge\omega^k$,

(4) $\Omega_j^i=\dfrac{1}{2}R_{jkl}^i\omega^k\wedge\omega^l=\sum\limits_{k<l}R_{jkl}^i\omega^k\wedge\omega^l$.

特别地，在自然标架 $\{\dfrac{\partial}{\partial x^i}\}$ 下

$$R(Y,Z)X=R_{ijk}^l X^iY^jZ^k\frac{\partial}{\partial x^l},$$

于是

$$\tilde{R}=R_{ijk}^l\frac{\partial}{\partial x^l}\otimes dx^i\otimes dx^j\otimes dx^k.$$

5.1.4 仿射联络的结构方程

设(M,∇)是仿射联络空间,则其仿射联络的联络形式ω_j^i,挠率形式T^i及曲率形式Ω_j^i有如下的著名关系.

定理 5.2(Cartan 结构方程)

$$\begin{cases} d\omega^i = -\omega_k^i \wedge \omega^k + T^i, \\ d\omega_j^i = -\omega_k^i \wedge \omega_j^k + \Omega_j^i. \end{cases}$$

证明　设$X,Y \in \mathscr{X}(M)$,其局部表示为

$$X = \omega^i(X)e_i, \quad Y = \omega^i(Y)e_i,$$

于是

$$\begin{aligned} T^i(X,Y)e_i &= T(X,Y) = \nabla_X(\omega^i(Y)e_i) \\ &\quad - \nabla_Y(\omega^i(X)e_i) - \omega^i([X,Y]e_i) \\ &= \{X(\omega^i(Y)) - Y(\omega^i(X)) - \omega^i([X,Y])\}e_i \\ &\quad + \{\omega^j(Y)\omega_j^i(X) - \omega^j(X)\omega_j^i(Y)\}e_i \\ &= \{d\omega^i(X,Y) + (\omega_k^i \wedge \omega^k)(X,Y)\}e_i, \end{aligned}$$

故

$$d\omega^i = -\omega_k^i \wedge \omega^k + T^i.$$

同样可证第二式.

作为结构方程的应用,我们可以证明 Bianchi 第一恒等式.

定理 5.3　设∇是无挠的线性联络,则 Bianchi 第一恒等式成立

$$R_{jkl}^i + R_{klj}^i + R_{ljk}^i = 0.$$

证明　因∇无挠,所以$T_{ij}^k = 0$,于是第一结构方程为

$$d\omega^i = -\omega_j^i \wedge \omega^j,$$

对上式外微分,并由第二结构方程及

$$\Omega_j^i = \frac{1}{2}R_{jkl}^i\omega^k \wedge \omega^l,$$

$$0 = d(d\omega^i) = -d\omega_j^i \wedge \omega^j + \omega_j^i \wedge d\omega^j$$

$$= (\omega_k^i \wedge \omega_j^k - \frac{1}{2}R_{jkl}^i\omega^k \wedge \omega^l) \wedge \omega^j - \omega_j^i \wedge \omega_k^j \wedge \omega^k$$

$$= -\frac{1}{2}R_{jkl}^i\omega^k \wedge \omega^l \wedge \omega^j$$

$$= -\sum_{j<k<l}(R_{jkl}^i + R_{klj}^i + R_{ljk}^i)\omega^k \wedge \omega^l \wedge \omega^j,$$

故

$$R_{jkl}^i + R_{klj}^i + R_{ljk}^i = 0.$$

注 应用 R_{jkl}^i 在自然标架 $\{\frac{\partial}{\partial x^i}\}$ 的表示式

$$R_{jkl}^i = \Gamma_{ks}^i\Gamma_{lj}^s - \Gamma_{ls}^i\Gamma_{kj}^s + \frac{\partial}{\partial x^k}\Gamma_{lj}^i - \frac{\partial}{\partial x^l}\Gamma_{kj}^i,$$

直接验证 Bianchi 第一恒等式成立.

§5.2 仿射联络空间上张量场沿切向量场的共变导数

5.2.1 切向量场 Y 沿切向量场 X 的共变导数

定义 5.2 设 ∇ 是微分流形上的仿射联络, $X \in \mathscr{X}(M)$, 切向量场 Y 沿 X 的共变导数(记为 $\nabla_X Y$) 仍是 M 的切向量场, 即 $\nabla_X Y \in \mathscr{X}(M)$, 满足以下条件

(1) $\nabla_X(fY + gZ) = (Xf)Y + f\nabla_X Y + (Xg)Z + g\nabla_X Z$,

(2) $\nabla_{fX_1+gX_2}Z = f\nabla_{X_1}Z + g\nabla_{X_2}Z$.

即切向量场沿 X 方向的共变导数是满足上述条件的映射

$$\nabla_X : \mathscr{X}(M) \to \mathscr{X}(M); Y \mapsto \nabla_X Y.$$

设 $(U,\varphi;x^i)$ 是 M 的局部坐标系, $\{e_i\}$ 是 M 的局部基, 其对偶基为 $\{\omega^i\}$, $\{\frac{\partial}{\partial x^i}\}$ 是 M 的自然标架, 其对偶基为 $\{dx^i\}$. 又 $X,Y \in \mathscr{X}(M)$, 则

$$X = X^i e_i, \quad Y = Y^j e_j.$$

其中

$$X^i = \omega^i(X), Y^j = \omega^j(Y) \in C^\infty(U, \mathbf{R}).$$

又设

$$\nabla_{e_i} e_j = \Gamma_{ij}^k e_k,$$

则

$$\nabla_{e_i} Y = [e_i(Y^k) + Y^j \Gamma_{ij}^k] e_k \triangleq Y_{,i}^k e_k.$$

其中

$$Y_{,i}^k = e_i(Y^k) + Y^j \Gamma_{ij}^k$$

称为切向量场 Y 的分量沿 e_i 的**共变导数**.

从而 Y 沿 X 的共变导数为

$$\nabla_X Y = X^i Y_{,i}^k e_k.$$

在自然标架$\left\{\frac{\partial}{\partial x^i}\right\}$下,$e_i(Y^k) = \frac{\partial Y^k}{\partial x^i}$,从而

$$\nabla_{\frac{\partial}{\partial x^i}} Y = Y_{,i}^k \frac{\partial}{\partial x^k}, \nabla_X Y = X^i Y_{,i}^k \frac{\partial}{\partial x^k},$$

其中

$$Y_{,i}^k = \frac{\partial Y^k}{\partial x^i} + Y^j \Gamma_{ij}^k.$$

注　(i) $\forall f \in C^\infty(M, \mathbf{R})$,则 $\nabla_X f \triangleq X(f)$.

(ii) 对平坦的仿射联络空间,即 $\Gamma_{ij}^k \equiv 0$. 则

$$\nabla_X Y = \frac{\partial Y^k}{\partial x^i} \cdot X^i \frac{\partial}{\partial x^k},$$

即

$$Y_{,i}^k = \frac{\partial Y^k}{\partial x^i}.$$

5.2.2　余切向量场 ω 沿 X 方向的共变导数 $\nabla_X \omega$

定义 5.3　设(M, ∇)是仿射联络空间,$\omega \in \Lambda^1(M) = T^*(M)$,

则 ω 沿 X 的共变导数 $\nabla_X\omega$ 仍是一个余切向量场,定义为

$$(\nabla_X\omega)(Y) \triangleq X(\omega(Y)) - \omega(\nabla_X Y),$$

其中 $X,Y \in \mathscr{X}(M)$.

注 $\nabla_X\omega: T(M) \to C^\infty(M,\mathbf{R})$ 是关于 $C^\infty(M,\mathbf{R})$ 线性的,即

$$(\nabla_X\omega)(fY) = f(\nabla_X\omega)(Y), f \in C^\infty(M,\mathbf{R}),$$

$$(\nabla_X\omega)(Y_1 + Y_2) = (\nabla_X\omega)(Y_1) + (\nabla_X\omega)(Y_2),$$

这说明 $\forall\omega \in \Lambda^1(M)$,有 $\nabla_X\omega \in \Lambda^1(M)$.

下面给出 $\nabla_X\omega$ 的局部表示.

设 $(U,\varphi;x^i)$ 是 M 的局部坐标系,$\{e_i\}$ 是 M 的局部基,其对偶基为 $\{\omega^i\}$,$\{\frac{\partial}{\partial x^i}\}$ 是 M 的自然标架场,其对偶标架场为 $\{dx^i\}$,于是对于 $X \in \mathscr{X}(M)$ 及 $\varphi \in \Lambda^1(M)$,有局部表示

$$X = X^i e_i = X^i \frac{\partial}{\partial x^i}; \theta = \theta_j\omega^j = \theta_j dx^j,$$

其中

$$X^i = \omega^i(X), \theta_j = \theta(e_j),$$

从而

$$\begin{aligned}(\nabla_{e_i}\theta)(e_j) &= \nabla_{e_i}(\theta(e_j)) - \theta(\nabla_{e_i}e_j)\\ &= e_i(\theta_j) - \Gamma_{ij}^k \cdot \theta_k \triangleq \theta_{j;i},\end{aligned}$$

于是 $\nabla_{e_i}\theta \in \Lambda^1(M)$ 的局部表示为

$$\nabla_{e_i}\theta = [e_i(\theta_k) - \theta_j \cdot \Gamma_{ik}^j]\omega^k \triangleq \theta_{k;i}\omega^k,$$

从而 $\nabla_X\theta$ 的局部表示为

$$\begin{aligned}\nabla_X\theta &= X^i\theta_{k;i}\omega^k\\ &= X^i(e_i(\theta_k) - \theta_j\Gamma_{ik}^j)\omega^k\\ &= X^i(e_i(\theta_k) - \theta_j\Gamma_{ik}^j)\omega^k,\end{aligned}$$

特别地

$$\nabla_{e_i}\omega^j = -\Gamma_{ik}^j\omega^k.$$

在自然标架$\{\frac{\partial}{\partial x^i}\}$下

$$\theta_{k;i} = \frac{\partial \theta_k}{\partial x^i} - \theta_j \Gamma^j_{ik},$$

$$\nabla_{\frac{\partial}{\partial x^i}} \theta = \theta_{k;i} dx^k ; \nabla_X \theta = X^i \theta_{k;i} dx^k.$$

5.2.3　(r,s)型张量场T沿切向量场X的共变导数$\nabla_X T$

定义 5.4　设(M,∇)是仿射联络空间,$X \in \mathscr{X}(M)$,$\Lambda^r_s(M)$表示M上(r,s)型光滑张量场的全体,$T \in \Lambda^r_s(M)$,即$T \in C^\infty(T^r_s(M))$. T沿切方向X的共变导数$\nabla_X T$仍是一个光滑的(r,s)型张量场

$$\begin{aligned}
&(\nabla_X T)(\theta^1,\cdots,\theta^r,Y_1,\cdots,Y_s) \\
\triangleq\ & \nabla_X(T(\theta^1,\cdots,\theta^r,Y_1,\cdots,Y_s)) - T(\nabla_X\theta^1,\theta^2,\cdots,\theta^r, \\
& Y_1,\cdots,Y_s) - \cdots - T(\theta^1,\cdots,\nabla_X\theta^r,Y_1,\cdots,Y_s) \\
& - T(\theta^1,\cdots,\theta^r,\nabla_X Y_1,Y_2,\cdots,Y_s) - \cdots \\
& - T(\theta^1,\cdots,\theta^r,Y_1,\cdots,\nabla_X Y_s).
\end{aligned}$$

其中

$$\theta^i \in \Lambda^1(M), Y_j \in \mathscr{X}(M).$$

易证

$\nabla_X T: T^*(M) \times \cdots \times T^*(M) \times \mathscr{X}(M) \times \cdots \times \mathscr{X}(M) \to C^\infty(M,\boldsymbol{R})$

是$r+s$重$C^\infty(M,\boldsymbol{R})$线性的,即

$$\nabla_X T \in \Lambda^r_s(M).$$

定理 5.4　设$T \in \Lambda^{r_1}_{s_1}(M)$,$\tilde{T} \in \Lambda^{r_2}_{s_2}(M)$,则

$$\nabla_X(T \otimes \tilde{T}) = \nabla_X T \otimes \tilde{T} + T \otimes \nabla_X \tilde{T},$$

即∇_X在张量积上的作用遵循 Leibniz 法则.

定理 5.5　对于外微分形式$\theta \in \Lambda^{r_1}(M)$,$\omega \in \Lambda^{r_2}(M)$有

$$\nabla_X(\theta \wedge \omega) = \nabla_X\theta \wedge \omega + \theta \wedge \nabla_X \omega,$$

即 ∇_X 在外微分形式的外积上的作用遵循 Leibniz 法则.

关于上述两定理的证明留作练习.

现在考虑(r,s)型张量场 T 沿 X 方向的共变导数 $\nabla_X T$ 的局部表示.

设$(U,\varphi;x^i)$是 M 上的局部坐标系, $\{e_i\}$ 是 M 的局部标架场, $\{\omega^i\}$ 是其对偶标架场. $X\in\mathscr{X}(M)$, 对于 $\forall T\in\Lambda_s^r(M)$, 有

$$X = X^i e_i, X^i = \omega^i(X)\in C^\infty(U,\mathbf{R}),$$

$$T = T_{j_1\cdots j_s}^{i_1\cdots i_r} e_{i_1}\otimes\cdots\otimes e_{i_r}\otimes\omega^{j_1}\otimes\cdots\otimes\omega^{j_s}.$$

其中

$$T_{j_1\cdots j_s}^{i_1\cdots i_r} = T(\omega^{i_1},\cdots,\omega^{i_r},e_{j_1},\cdots,e_{j_s})\in C^\infty(U,\mathbf{R}),$$

$$\nabla_{e_i}e_j = \Gamma_{ij}^k e_k, \nabla_{e_i}\omega^j = -\Gamma_{ik}^j\omega^k.$$

于是

$$\begin{aligned}&(\nabla_{e_i}T)(\omega^{i_1},\cdots,\omega^{i_r},e_{j_1},\cdots,e_{j_s})\\ &=(\nabla_{e_i})(T_{j_1\cdots j_s}^{i_1\cdots i_r}) + T_{j_1\cdots j_s}^{ki_2\cdots i_r}\Gamma_{ik}^{i_1} + \cdots + T_{j_1\cdots j_s}^{i_1\cdots i_{r-1}k}\Gamma_{ik}^{i_r}\\ &\quad - T_{kj_2\cdots j_s}^{i_1\cdots i_r}\Gamma_{ij_1}^k - \cdots - T_{j_1\cdots j_{s-1}k}^{i_1\cdots i_r}\Gamma_{ij_s}^k \triangleq T_{j_1\cdots j_s;i}^{i_1\cdots i_r},\end{aligned}$$

从而

$$\nabla_X T = X^i T_{j_1\cdots j_s;i}^{i_1\cdots i_r} e_{i_1}\otimes e_{i_2}\otimes\cdots\otimes e_{i_r}\otimes\omega^{j_1}\otimes\cdots\otimes\omega^{j_s}.$$

特例

(1) 设 $T\in\Lambda_1^1(M)$, 则

$$(\nabla_X T)(\omega,Y) = (\nabla_X)(T(\omega,Y)) - T(\nabla_X\omega,Y) - T(\omega,\nabla_X Y).$$

(2) 如果 $T\in\Lambda_2^0(M)$, 则

$$(\nabla_X T)(Y,Z) = (\nabla_X)(T(Y,Z)) - T(\nabla_X Y,Z) - T(Y,\nabla_X Z).$$

(3) 如果 $T\in\Lambda_0^2(M)$, 则

$$(\nabla_X T)(\omega,\theta) = (\nabla_X)(T(\omega,\theta) - T(\nabla_X\omega,\theta) - T(\omega,\nabla_X\theta).$$

§5.3 仿射联络空间上张量场 T 的共变微分 ∇T

在仿射联络空间中, 由方向共变导数可引出光滑张量场 T 的共

变微分 ∇T.

定义 5.5　设(M,∇)是仿射联络空间 $T\in\Lambda_s^r(M)$，(r,s)型张量场 T 的共变微分（绝对微分）∇T 是$(r,s+1)$型张量场. 它由下式定义

$$(\nabla T)(\theta^1,\cdots,\theta^r,X_1,\cdots,X_s;X)\triangleq(\nabla_X T)(\theta^1,\cdots,\theta^r,X_1,\cdots,X_s).$$

定理 5.6　共变微分

$$\nabla: T_s^r(M)\to T_{s+1}^r(M);T\mapsto\nabla T,$$

具有下列性质：

(1) $\nabla(fT)=df\otimes T+f\nabla T,\quad f\in C^\infty(M,\boldsymbol{R})$,

(2) $\nabla(T+\tilde{T})=\nabla T+\nabla\tilde{T}$,

(3) $\nabla(T_1\otimes T_2)=\nabla T_1\otimes T_2+T_1\otimes\nabla T_2$.

证　(1)
$$\begin{aligned}\nabla(fT)(\cdot,\cdots,\cdot;X)&=(\nabla_X(fT))(\cdot,\cdots,\cdot)\\&=(Xf)T(\cdot,\cdots,\cdot)+f(\nabla_X T)(\cdot,\cdots,\cdot)\\&=df(X)\cdot T(\cdot,\cdots,\cdot)+f\nabla_X T(\cdot,\cdots,\cdot)\\&=(df\otimes T)(\cdot,\cdots,\cdot,X)+f\nabla T(\cdot,\cdots,\cdot,X),\end{aligned}$$

从而(1)成立，这里注意到

$$Xf=df(X).$$

同理可证(2)、(3).

下面给出共变微分的局部表示.

设$(U,\varphi;x^i)$是 M 的一个局部坐标系，$\{e_i\}$ 是 M 的局部标架场，$\{\omega^i\}$ 是其对偶标架场$\{\omega_j^i\}$ 是 M 的联络 1 - 形式，即

$$\nabla_X e_i=\omega_i^j(X)e_j,$$

$$\nabla_X\omega^i=-\omega_j^i(X)\omega^j.$$

1. 切向量场 Y 的共变微分 ∇Y 的局部表示.

设 $Y=Y^j e_j,\quad Y^j=\omega^j(Y)\in C^\infty(U,\boldsymbol{R})$，则

$$\begin{aligned}\nabla Y(\omega;X)&=\nabla(Y^j e_j)(\omega;X)\\&=(dY^j\otimes e_j+Y^j\nabla e_j)(\omega,X)\\&=(dY^j\otimes e_j)(\omega,X)+Y^j\omega(\nabla_X e_j)\end{aligned}$$

$$= (dY^j \otimes e_j)(\omega, X) + Y^j \omega_j^k(X) \cdot \omega(e_k)$$
$$= [(dY^k + Y^j \omega_j^k) \otimes e_k](\omega, X),$$

其中

$$\nabla Y^k = dY^k + Y^j \omega_j^k$$
$$= dY^k + Y^j \Gamma_{ij}^k \omega^i$$

称为 Y^k 的共变微分 . $(\omega, X) \in T^*(M) \times T(M)$,

$$\nabla e_i = \omega_i^j \otimes e_j = \Gamma_{ki}^j \omega^k \otimes e_j.$$

2. 余切向量场 θ 的共变微分 $\nabla\theta$ 的局部表示 .

设 $\theta = \theta_j \omega^j$, $\theta_j = \theta(e_j) \in C^\infty(U, \boldsymbol{R})$,则 $\nabla\theta \in T_2^0(M)$,由定理 5.6 知

$$(\nabla\theta)(Y;X) = \nabla(\theta_j \omega^j)(Y, X)$$
$$= (d\theta_j \otimes \omega^j + \theta_j \nabla\omega^j)(Y, X)$$
$$= (d\theta_j \otimes \omega^j)(Y, X) + \theta_j(\nabla_X \omega^j)(Y)$$
$$= d\theta_j \otimes \omega^j(Y, X) - \theta_j \omega_k^j(X) \cdot \omega^k(Y)$$
$$= (d\theta_k - \theta_j \omega_k^j) \otimes \omega^k(Y, X)$$
$$\triangleq \nabla\theta_k \otimes \omega^k(Y, X),$$

从而

$$\nabla\theta = \nabla\theta_k \otimes \omega^k = (d\theta_k - \theta_j \omega_k^j) \otimes \omega^k,$$

其中 θ 的分量函数 θ_k 的共变微分 $\nabla\theta_k$ 为

$$\nabla\theta_k = \theta_{k,i}\omega^i = d\theta_k - \theta_j \omega_k^j$$
$$= d\theta_k - \theta_j \Gamma_{ik}^j \omega^i.$$

其中 $\theta_{k,i} = \nabla_{e_i}\theta_k$ 为 θ_k 沿方向 e_i 的共变导数 .

特别地

$$\nabla\omega^i = -\omega_j^i \otimes \omega^j = -\Gamma_{kj}^i \omega^k \otimes \omega^j.$$

3. (1,1) 型张量场 T 的共变微分 ∇T 的局部表示 .

设 $T = T_j^i e_i \otimes \omega^j$,利用定理 5.6,

$$\nabla T(\cdot, \cdot, X) = \nabla_X T(\cdot, \cdot),$$

而

$$\begin{aligned}\nabla_X T &= \nabla_X (T^i_j e_i \otimes \omega^j) \\ &= (XT^i_j) e_i \otimes \omega^j + T^i_j (\nabla_X e_i) \otimes \omega^j + T^i_j e_i \otimes \nabla_X \omega^j \\ &= (dT^i_j(X) + T^k_j \omega^i_k (X) - T^i_k \omega^k_j (X)) e_i \otimes \omega^j,\end{aligned}$$

从而

$$\nabla T = (dT^i_j + T^k_j \omega^i_k - T^i_k \omega^k_j) e_i \otimes \omega^j \triangleq \nabla T^i_j e_i \otimes \omega^j.$$

其中

$$\nabla T^i_j = T^i_{j,k} \omega^k = dT^i_j + T^k_j \omega^i_k - T^i_k \omega^k_j$$

称为 T^i_j 的**共变微分**, $T^i_{j,k}$ 为 T^i_j 沿 e_k 方向的**共变导数**.

最后,我们给出(r,s)型张量场 T 的共变微分 ∇T 的局部表示.

设 $T = T^{i_1\cdots i_r}_{j_1\cdots j_s} e_{i_1} \otimes \cdots \otimes e_{i_r} \otimes \omega^{j_1} \otimes \cdots \otimes \omega^{j_s}$,

则

$$\nabla T = T^{i_1\cdots i_r}_{j_1\cdots j_s;k} \omega^k \otimes e_{i_1} \otimes \cdots \times e_{i_r} \otimes \omega^{j_1} \otimes \cdots \otimes \omega^{j_s}.$$

其中分量 $T^{i_1\cdots i_r}_{j_1\cdots j_s}$ 的共变微分

$$\begin{aligned}\nabla T^{i_1\cdots i_r}_{j_1\cdots j_s} &= T^{i_1\cdots i_r}_{j_1\cdots j_s;k} \omega^k \\ &= dT^{i_1\cdots i_r}_{j_1\cdots j_s} + \sum_{m=1}^{r} T^{i_1\cdots i_{m-1} m i_{m+1}\cdots i_r}_{j_1\cdots j_s} \omega^{i_m}_m \\ &\quad - \sum_{m=1}^{s} T^{i_1\cdots i_r}_{j_1\cdots j_{m-1} m j_{m+1}\cdots j_s} \omega^m_{j_m},\end{aligned}$$

或

$$\nabla T = \nabla T^{i_1\cdots i_r}_{j_1\cdots j_s} e_{i_1} \otimes \cdots \otimes e_{i_r} \otimes \omega^{j_1} \otimes \cdots \otimes \omega^{j_s},$$

于是 $\nabla T = 0$ 当且仅当 $\nabla T^{i_1\cdots i_r}_{j_1\cdots j_s} = 0$.

注　(i) $\nabla T^{i_1\cdots i_r}_{j_1\cdots j_s} = T^{i_1\cdots i_r}_{j_1\cdots j_s;k} \omega^k$

给出了 $T^{i_1\cdots j_r}_{j_1\cdots j_s}$ 的共变导数 $T^{i_1\cdots i_r}_{j_1\cdots j_s;k}$ 与共变微分 $\nabla T^{i_1\cdots i_r}_{j_1\cdots j_s}$ 之间的关系.

(ii) 设 $f \in C^\infty(M, \boldsymbol{R})$,则 f 沿 X 方向的共变导数 ∇Xf 和共变微分 ∇f 分别是

$$\nabla_X f = Xf, \nabla f = df(\text{普通微分}),$$

在局部坐标下

$$\nabla_{e_i} f = f_{,i} \text{ or } \nabla_{\frac{\partial}{\partial x^i}} f = \frac{\partial f}{\partial x^i},$$

$$\nabla f = f_{,i}\omega^i \text{ or } \nabla f = \frac{\partial f}{\partial x^i}dx^i,$$

它们之间的关系

$$\nabla f = f_{,i}\omega^i.$$

4. 高阶共变微分与高阶共变导数.

设(M,∇)是仿射联络空间,$\{e_i\}$是M的局部标架场,$\{\omega^i\}$是其对偶标架场,$\{\omega_j^i\}$是∇的联络1-形式.

(1) 设$Y = Y^k e_k \in \mathscr{X}(M)$,则

(i) Y的一阶共变微分

$$\nabla Y = \nabla Y^k \otimes e_k = Y^k_{,i}\omega^i \otimes e_k,$$

其中$Y^k_{,i} = \nabla_{e_i} Y^k$为$Y^k$的一阶共变导数.

$$\nabla Y^k = dY^k + Y^j\omega_j^k$$

为Y^k的一阶共变微分.

(ii) $Y^k_{,i}$的共变微分$\nabla Y^k_{,i}$称为Y^k的二阶共变微分,记为$\nabla^2 Y^k$,于是

$$\nabla^2 Y^k = \nabla Y^k_{,i} = dY^k_{,i} + Y^j_{,i}\omega_j^k - Y^k_{,j}\omega_k^j \triangleq Y^k_{,ij}\omega^j,$$

从而Y的二阶共变微分为

$$\nabla^2 Y = \nabla^2 Y^k \otimes e_k = Y^k_{,ij} e_k \otimes \omega^i \otimes \omega^j,$$

其中$Y^k_{,ij}$称Y^k的二阶共变导数.

类似可定义切向量场Y的更高阶共变微分与共变导数.

(2) 设$\theta = \theta_k\omega^k \in T^*(M)$,则

(i) θ的一阶共变微分

$$\nabla\theta = \nabla\theta_k \otimes \omega^k = (d\theta_k - \theta_j\omega_k^j) \otimes \omega^k = \theta_{k,i}\omega^i \otimes \omega^k,$$

其中$\theta_{k,i}$为θ_k沿e_i方向的共变导数.

(ii) $\theta_{k,i}$的共变导数称为θ_k的二阶共变导数,记为$\nabla^2\theta_k$,即

$$\nabla^2\theta_k = \nabla\theta_{k,i} = d\theta_{k,i} - \theta_{j,i}\omega_k^j - \theta_{k,j}\omega_i^j \triangleq \theta_{k,ij}\omega^j,$$

从而 θ 的二阶共变微分为

$$\nabla^2\theta = \nabla\theta_{k,i} \otimes \omega^k = \theta_{k,ij}\omega^j \otimes \omega^i \otimes \omega^k,$$

其中 $\theta_{k,ij}$ 称 θ_k 的二阶共变导数.

类似可定义余切向量场的高阶共变导数.

(3) 流形 M 上 C^∞ 函数 f 的高阶共变导数与共变微分.

设 $f \in C^\infty(M,\boldsymbol{R})$,则

(i) f 的一阶共变微分 ∇f 就是 f 的普通微分,即

$$\nabla f = df \in T^*(M),$$

f 沿 e_i 的共变导数 $\nabla_{e_i} f$ 定义为

$$\nabla_{e_i} f = e_i(f) \triangleq f_{,i},$$

从而

$$\nabla f = f_{,i}\omega^i,$$

$$\nabla^2 f = \nabla f_{,i}\omega^i = f_{,ij}\omega^j \otimes \omega^i,$$

其中

$$\nabla f_{,i} = df_{,i} - f_{,j}\omega_i^j \triangleq f_{,ij}\omega^j.$$

在自然标架 $\left\{\frac{\partial}{\partial x^i}\right\}$ 下

$$f_{,i} = \frac{\partial f}{\partial x^i} = \nabla_{\frac{\partial}{\partial x^i}} f,$$

$$\nabla f = df = \frac{\partial f}{\partial x^i}dx^i = f_{,i}dx^i,$$

$$\nabla^2 f = \nabla f_{,i} \otimes dx^i = f_{,ij}dx^j \otimes dx^i.$$

其中

$$f_{,ij}dx^j = df_{,i} - f_{,k}\omega_i^k = \frac{\partial^2 f}{\partial x^j \partial x^i}dx^j - f_{,k}\Gamma_{ji}^k dx^j.$$

从而

$$f_{,ij} = \frac{\partial^2 f}{\partial x^j \partial x^i} - f_{,k}\Gamma_{ji}^k,$$

且

$$f_{,ij}-f_{,ji}=f_{,k}(\Gamma_{ij}^{k}-\Gamma_{ji}^{k})=f_{,k}T_{ij}^{k}.$$

于是f的二阶共变导数$f_{,ij}$不具备f的普通的二阶偏导数有关于求导次序交换的性质:如果 ∇ 是无挠的,则$f_{,ij}=f_{,ji}$.

§5.4　Riemann 流形上的 Laplace 算子

在前几节,我们建立了 m 维流形上的仿射联络

$$\nabla:\mathscr{X}(M)\times\mathscr{X}(M)\to\mathscr{X}(M);(X,Y)\mapsto\nabla_{X}Y.$$

在局部标架$\{e_i\}$下,仿射联络 ∇ 被其联络系数 Γ_{ij}^{k} 完全确定,由此,我们进一步利用仿射联络 ∇,建立了(r,s) 型张量场 T 的共变微分 ∇T 及沿 X 方向的共变导数 $\nabla_{X}T$.

本节我们要说明,对于 Riemann 流形(M,g),其 Riemann 度量 g 在光滑流形上可以诱导一个仿射联络,使(M,g) 成为一个仿射联络空间(M,∇),然后讨论 Riemann 流形(M,g) 上 C^{∞} 函数f的 Laplace Δf. 它在许多学科中扮演重要的角色.

5.4.1　Riemann 度量诱导仿射联络

设(M,g) 是 m 维黎曼流形,g 是 M 上的 Riemann 度量,(U,x^{i}) 是 M 的一个局部坐标系,$\{\frac{\partial}{\partial x^{i}}\}$ 是 M 的局部自然标架场,$\{dx^{i}\}$ 是 $\{\frac{\partial}{\partial x^{i}}\}$ 的对偶标架场. 令

$$g_{ij}=g(\frac{\partial}{\partial x^{i}},\frac{\partial}{\partial x^{j}}),G=\det(g_{ij}).\tag{5.6}$$

又设(g^{ij}) 表示(g_{ij}) 的逆矩阵,则

$$g^{ij}=\frac{1}{\det(g_{ij})}G_{ij},\tag{5.7}$$

其中 G_{ij} 是(g_{ij}) 中元素 g_{ij} 的代数余子式. 作

$$\Gamma_{ij}^{k} = \frac{1}{2}g^{kl}\left(\frac{\partial g_{lj}}{\partial x^{i}} + \frac{\partial g_{li}}{\partial x^{j}} - \frac{\partial g_{ij}}{\partial x^{l}}\right), \tag{5.8}$$

称为关于 Riemann 度量 g 的 **Christoffel 记号**.

现在作映射

$$\nabla : \mathscr{X}(M) \times \mathscr{X}(M) \to \mathscr{X}(M);(X,Y) \mapsto \nabla_{X}Y.$$

定义如下

$$\nabla_{X}Y = X^{k}\left(\frac{\partial Y^{i}}{\partial x^{k}} + Y^{j}\Gamma_{jk}^{i}\right)\frac{\partial}{\partial x^{i}} \triangleq X^{k}Y^{i}_{,k}\frac{\partial}{\partial x^{i}}, \tag{5.9}$$

其中 $X = X^{i}\frac{\partial}{\partial x^{i}}, Y = Y^{j}\frac{\partial}{\partial x^{j}}$.

定理5.7　设(M,g)是m维Riemann流形,$X,Y,Z \in \mathscr{X}(M)$,f,$g \in C^{\infty}(M)$,则有

(1) $\nabla_{X}(fY + gZ) = f\nabla_{X}Y + (Xf)Y + g\nabla_{X}Z + (Xg)Z$;

(2) $\nabla_{fX+gY}Z = f\nabla_{X}Z + g\nabla_{Y}Z$;

(3) $Xg(Y,Z) = g(\nabla_{X}Y,Z) + g(Y,\nabla_{X}Z)$;

(4) $\nabla_{X}Y - \nabla_{Y}X - [X,Y] = 0$.

证明　设 $X = X^{i}\frac{\partial}{\partial x^{i}}, Y = Y^{j}\frac{\partial}{\partial x^{j}}, Z = Z^{k}\frac{\partial}{\partial x^{k}}$,则

$$\begin{aligned}(1)\ \nabla_{X}(fY + gZ) &= X^{k}(fY^{i} + gZ^{i})_{,k}\frac{\partial}{\partial x^{i}} \\ &= X^{k}(f_{,k}Y^{i} + fY^{i}_{,k} + g_{,k}Z^{i} + gZ^{i}_{,k})\frac{\partial}{\partial x^{i}} \\ &= (Xf)Y + f\nabla_{X}Y + (Xg)Z + g\nabla_{X}Z.\end{aligned}$$

$$\begin{aligned}(2)\ \nabla_{fX+gY}Z &= (fX^{k} + gY^{k})Z^{i}_{,k}\frac{\partial}{\partial x^{i}} \\ &= f\nabla_{X}Z + g\nabla_{Y}Z.\end{aligned}$$

$$\begin{aligned}(3)\ X(g(Y,Z)) &= X^{k}\frac{\partial}{\partial x^{k}}(g_{ij}Y^{i}Z^{j}) \\ &= X^{k}\left(\frac{\partial g_{ij}}{\partial x^{k}}Y^{i}Z^{j} + g_{ij}Z^{j}\frac{\partial Y^{i}}{\partial x^{k}} + g_{ij}Y^{i}\frac{\partial Z^{j}}{\partial x^{k}}\right)\end{aligned}$$

$$= X^k(\frac{\partial g_{ij}}{\partial x^k}Y^iZ^j + g_{ij}(Y^i_{,k} - Y^l\Gamma^i_{lk})Z^j$$
$$+ g_{ij}Y^i(Z^j_{,k} - Z^l\Gamma^j_{lk}))$$
$$= g_{ij}X^kY^i_{,k}Z^j + g_{ij}Y^iX^kZ^j_{,k}$$
$$+ (\frac{\partial g_{ij}}{\partial x^k} - g_{lj}\Gamma^l_{ik} - g_{jk}\Gamma^l_{jk})Y^iZ^jX^k.$$

由(5.8) 及 ∇ 的定义得

$$X(g(Y,Z)) = g_{ij}X^kY^i_{,k}Z^j + g_{ij}Y^iX^kZ^j_{,k}$$
$$= g(X^kY^i_{,k}\frac{\partial}{\partial x^i}, Z^j\frac{\partial}{\partial x^j}) + g(Y^i\frac{\partial}{\partial x^i}, X^kZ^j_{,k}\frac{\partial}{\partial x^j})$$
$$= g(\nabla_XY, Z) + g(Y, \nabla_XZ).$$

(4) 由(1)、(2), ∇ 是 M 上的仿射联络,从而可定义 M 上的共变微分,由(3) 可知 $\nabla g = 0$,从而 $\Gamma^i_{kl} = \Gamma^i_{lk}$,故有

$$\nabla_XY - \nabla_YX = X^kY^i_{,k}\frac{\partial}{\partial x^i} - Y^kX^i_{,k}\frac{\partial}{\partial x^i}$$
$$= (X^k(\frac{\partial Y^i}{\partial x^k} + Y^l\Gamma^i_{lk}) - Y^k(\frac{\partial X^i}{\partial x^k} + X^l\Gamma^i_{lk}))\frac{\partial}{\partial x^i}$$
$$= (X^k\frac{\partial Y^i}{\partial x^k} - Y^k\frac{\partial X^i}{\partial x^k})\frac{\partial}{\partial x^i}$$
$$= [X,Y].$$

注　在黎曼流形 (M,g) 上,由度量 g 诱导了 M 上的一个仿射联络 ∇,且满足定理 5.7 中的(3)、(4),(4) 说明了 ∇ 是无挠的,(3) 说明了 g 关于 ∇ 是平行的,即 $\nabla g = 0$. 此时称仿射联络 ∇ 是 M 上的 **Riemann 联络**.

设 $\{e_i\}$ 是 (M,g) 上的标准正交基,即 $g(e_i,e_j) = \delta_{ij}$,令

$$\omega_i = \delta_{ij}\omega^j = \omega^i, \omega_{ij} = \delta_{ik}\omega^k_j = \omega^i_j, \Omega_{ij} = \delta_{ik}\Omega^k_j = \Omega^i_j.$$

则 Riemann 联络的结构方程为

$$d\omega_i = -\sum_k \omega_{ik} \wedge \omega_k, \omega_{ik} = -\omega_{ki},$$

$$d\omega_{ij} = -\sum_k \omega_{ik} \wedge \omega_{kj} + \Omega_{ij},$$

$$\Omega_{ij} = \frac{1}{2}\sum_{k,l} R_{ijkl}\omega_k \wedge \omega_l.$$

5.4.2 Δf 的定义及局部表示

设(M^m, g)是m维Riemann流形,$f \in C^\infty(M^m, \boldsymbol{R})$,$(U, x^i)$是$M^m$的一个局部坐标系,$\{\frac{\partial}{\partial x^i}\}$是$M^m$的局部自然标架场,$\nabla$是$M^m$上由Riemann度量诱导的仿射联络.

设$X = X^i \frac{\partial}{\partial x^i} \in \mathscr{X}(M)$,则$X^i$沿$\frac{\partial}{\partial x^k}$的共变导数为

$$X^i_{,k} = \frac{\partial X^i}{\partial x^k} + X^j \Gamma^i_{kj}.$$

定义5.6　向量场$X = X^i \frac{\partial}{\partial x^i}$的散度$\mathrm{div}X$是一个函数;其定义为

$$\mathrm{div}X = \sum_i X^i_{,i} = \sum_i \frac{\partial X^i}{\partial x^i} + \sum_{i,j} X^j \Gamma^i_{ij}.$$

定义5.7　设$f \in C^\infty(M^m, \boldsymbol{R})$,$f$的梯度$\mathrm{grad}f$是一向量场,它是通过

$$g(\mathrm{grad}f, Y) = Yf, \forall Y \in \mathrm{X}(M^m)$$

定义. 局部上,设$\mathrm{grad}f = \sum_{i=1}^m a^i \frac{\partial}{\partial x^i}$,则

$$\sum_{k=1}^m a^k g_{kj} = g(\sum_{k=1}^m a^k \frac{\partial}{\partial x^k}, \frac{\partial}{\partial x^j}) = g(\mathrm{grad}f, \frac{\partial}{\partial x^j}) = \frac{\partial f}{\partial x^j}.$$

于是

$$a^i = \sum_{k=1}^m a^k \delta^i_k = \sum_{j,k=1}^m a^k g_{kj} g^{ji} = \sum_{j=1}^m g^{ij} \frac{\partial f}{\partial x^j},$$

故

$$\text{grad}f = \sum_{i=1}^{m}\left(\sum_{j=1}^{m} g^{ij}\frac{\partial f}{\partial x^j}\right)\frac{\partial}{\partial x^i} \triangleq \sum_i f^i \frac{\partial}{\partial x^i}.$$

如果$\{e_i\}$是M的标准正交基,则

$$\text{grad}f = \sum_i (\nabla_{e_i} f)e_i.$$

定义 5.8 设(M^m,g)为m维C^∞ Riemann 流形,称

$$\Delta: C^\infty(M^m,\boldsymbol{R}) \to C^\infty(M^m,\boldsymbol{R});$$

$$f \mapsto \Delta f \triangleq \text{divgrad}f$$

为(M^m,g)上的**Laplace** 算子,Δf称为f的 Laplace. 局部上

$$\Delta f = \sum_i f^i_{,i} = \sum_i \frac{\partial f^i}{\partial x^i} + \sum_{i,j} f^j \Gamma^i_{ij}$$

$$= \sum_i \frac{\partial}{\partial x^i}\left(\sum_j g^{ij}\frac{\partial f}{\partial x^j}\right) + \sum_{i,j,k} g^{jk}\frac{\partial f}{\partial x^k}\Gamma^i_{ij}.$$

定理 5.8 设$f \in C^\infty(M^m,\boldsymbol{R})$,则在局部上

$$\Delta f = \frac{1}{\sqrt{|G|}}\sum_i \frac{\partial}{\partial x^i}\left[\sqrt{|G|}\sum_j g^{ij}\frac{\partial f}{\partial x^j}\right],$$

其中

$$G = (g_{ij}),\ |G| = \det(g_{ij}),\ G^{-1} = (g^{ij}).$$

证明 因为

$$\frac{\partial |G|}{\partial x^k} = \frac{\partial}{\partial x^k}\begin{vmatrix} g_{11} & \cdots & g_{1m} \\ \vdots & & \\ g_{m1} & \cdots & g_{mm} \end{vmatrix} = \sum_{i=1}^{m}\begin{vmatrix} g_{11} & \cdots & g_{1m} \\ \cdots & & \cdots \\ \frac{\partial g_{i1}}{\partial x^k} & \cdots & \frac{\partial g_{im}}{\partial x^k} \\ \cdots & & \cdots \\ g_{m1} & \cdots & g_{mm} \end{vmatrix}$$

$$= \sum_{i,j}\frac{\partial g_{ij}}{\partial x^k}G_{ij},$$

其中G_{ij}是$G=(g_{ij})$中元素g_{ij}的代数余子式,从而

$$G_{ij} = |G| g^{ij},$$

故
$$\frac{\partial |G|}{\partial x^k} = \sum_{i,j} |G| g^{ij} \frac{\partial g_{ij}}{\partial x^k}.$$

又

$$\frac{\partial}{\partial x^k}\ln |G| = \frac{1}{|G|}\frac{\partial |G|}{\partial x^k} = \sum_{i,j} g^{ij}\frac{\partial g_{ij}}{\partial x^k}.$$

因为 ∇ 是由 g 诱导,故由联络系数 Γ^i_{jk} 的定义得

$$\sum_i \Gamma^i_{ik} = \frac{1}{2}\sum_{i,l} g^{il}\left(\frac{\partial g_{kl}}{\partial x^i} + \frac{\partial g_{li}}{\partial x^k} - \frac{\partial g_{ik}}{\partial x^l}\right)$$

$$= \frac{1}{2}\sum_{i,l} g^{il}\frac{\partial g_{il}}{\partial x^k} = \frac{1}{2}\frac{\partial}{\partial x^k}\ln |G|.$$

故有

$$\Delta f = \sum_i f^i_{;i} = \sum_i \frac{\partial f^i}{\partial x^i} + \left(\sum_j (f^j \cdot \sum_i \Gamma^i_{ij}\right)$$

$$= \sum_i \frac{\partial f^i}{\partial x^i} + \frac{1}{2}\frac{1}{|G|}\sum_i f^i \frac{\partial |G|}{\partial x^i}$$

$$= \frac{1}{\sqrt{|G|}}\sum_i \frac{\partial}{\partial x^i}\left[\sqrt{|G|}\sum_j g^{ij}\frac{\partial f}{\partial x^j}\right].$$

注　(i) $\Delta f = \sum_{i,j} g^{ij}\frac{\partial^2 f}{\partial x^i \partial x^j} + \sum_{i,j}\left[\frac{\partial g_{ij}}{\partial x^i} + \frac{1}{2}g^{ij}\frac{\partial \ln |G|}{\partial x^i}\right]\frac{\partial f}{\partial x^j}.$

(ii) $\operatorname{div}X = \sum_i \left(\frac{\partial X^i}{\partial x^i} + \frac{1}{2}X^i \frac{\partial}{\partial x^i}\ln |G|\right).$

(iii) 在标准正交基 $\{e_i\}$ 下

$$f_{,i} = e_i f = \nabla_{e_i} f,$$

$$\nabla f = df = \sum_i (e_i f)\omega_i = \sum_i f_{,i}\omega_i,$$

$$\nabla^2 f = \sum_{i,j} f_{,ij}\omega_j \otimes \omega_i,$$

$$\operatorname{grad} f = \sum_i (\nabla_{e_i} f)e_i = \sum_i f_{,i}e_i,$$

$$\Delta f = \sum_i f_{,ii},$$

其中

$$f_{,ij} = \nabla_{e_j}\nabla_{e_i} f.$$

(iv) 当 $M^m = \boldsymbol{R}^m$ 时，$\Gamma_{ij}^k = 0$，且 $g_{ij} = \delta_{ij}$，于是 $\forall f \in C^\infty(M^m, \boldsymbol{R})$，有

$$\Delta f = \sum_i \frac{\partial^2 f}{\partial x^i \partial x^i},$$

$$\operatorname{grad} f = \sum_i \left(\frac{\partial f}{\partial x^i}\right) e_i.$$

其中 $\frac{\partial f}{\partial x^i}$ 是 f 的普通的偏导数，$\{e_i\}$ 是 $\boldsymbol{R}^m$ 的整体标架.

5.4.3 散度、梯度和 Laplace 算子的性质

定理 5.9 设 (M^m, g) 是 m 维 Riemann 流形，$f \in C^\infty(M, \boldsymbol{R})$，$X, Y \in \mathscr{X}(M^m)$，则

(1) $\operatorname{div}(fX) = f \cdot \operatorname{div} X + Xf$;

(2) $\operatorname{div}(X + Y) = \operatorname{div} X + \operatorname{div} Y$;

(3) $\operatorname{grad} f^2 = 2f \operatorname{grad} f$.

证明 局部 (U, x^i) 上，

$$X = \sum_i X^i \frac{\partial}{\partial x^i}, fX = \sum_i fX^i \frac{\partial}{\partial x^i}, Y = \sum_j Y^j \frac{\partial}{\partial x^j},$$

$$\begin{aligned}(1)\operatorname{div}(fX) &= \sum_i \left[\frac{\partial (fX^i)}{\partial x^i} + \sum_j fX^j \Gamma_{ij}^i\right] \\ &= f\sum_i \frac{\partial X^i}{\partial x^i} + \sum_i X^i \frac{\partial f}{\partial x^i} + f\sum_{i,j} X^j \Gamma_{ij}^i \\ &= f \operatorname{div} X + Xf.\end{aligned}$$

$$(2)\operatorname{div}(X + Y) = \sum_i \frac{\partial (X^i + Y^i)}{\partial x^i} + \sum_{i,j} (X^i + Y^i)\Gamma_{ij}^i$$

$$= \text{div}X + \text{div}Y.$$

(3) $\text{grad}f = \sum_i \left(\sum_j g^{ij} \frac{\partial f}{\partial x^j}\right) \frac{\partial}{\partial x^i},$

$$\begin{aligned}\text{grad}f^2 &= \sum_i \left(\sum_j g^{ij} \frac{\partial f^2}{\partial x^j}\right) \frac{\partial}{\partial x^i}\\ &= 2f \cdot \text{grad}f.\end{aligned}$$

定理 5.10　设$(M^m,g) = (M^m,\langle , \rangle)$是$m$维 Riemann 流形,$f$,$h \in C^\infty(M^m,\boldsymbol{R})$,则

$$\Delta(fh) = h\Delta f + f\Delta h + 2\langle df,dh\rangle.$$

特别地

$$\Delta f^2 = 2f\Delta f + 2\,\|\text{grad}f\|^2.$$

证明　取M的标准正交标架场$\{e_i\}$,$\{\omega^j\}$为其对偶标架场,则

$$\text{grad}f = \sum_i (\nabla_{e_i} f) e_i = \sum_i f_{,i} e_i,$$

$$\nabla f = \sum_i (\nabla_{e_i} f) \omega_i = \sum_i f_{,i} \omega_i,$$

$$\begin{aligned}\Delta(fh) &= \text{div}(\text{grad}(fh)) = \text{div}\left[\sum_i \nabla_{e_i}(fh) e_i\right]\\ &= \text{div}\left[f\sum_i (\nabla_{e_i} h) e_i + h\sum_i (\nabla_{e_i} f) e_i\right]\\ &= \text{div}[f \cdot \text{grad}h + h \cdot \text{grad}f]\\ &= f\Delta h + h\Delta f + (\text{grad}h)f + (\text{grad}f)h\\ &= f\Delta h + h\Delta f + 2\sum_i (\nabla_{e_i} f \cdot \nabla_{e_i} h).\end{aligned}$$

而

$$\begin{aligned}\langle df,dh\rangle &= \left\langle \sum_i (\nabla_{e_i} f)\omega_i, \sum_j (\nabla_{e_j} h)\omega_j\right\rangle\\ &= \sum_{i,j} (\nabla_{e_i} f)(\nabla_{e_j} h)\delta^{ij}\\ &= \sum_i (\nabla_{e_i} f)(\nabla_{e_i} h).\end{aligned}$$

5.4.4 Hopf 引理

在有向的黎曼流形(M^m,g)上有体积元素①,这是一个m次外微分形式Ω,它在局部坐标系(U,x^i)下的表达式是

$$\Omega|_U = \sqrt{|G|}\,dx^1 \wedge \cdots \wedge dx^m \triangleq dv,$$

因此对于$\forall f \in C^\infty(M^m,\mathbf{R})$就能够在$M^m$上积分,它就是$m$次外微分形式$f\Omega$在$M^m$上的积分,即

$$\int_M f dv = \int_M f\Omega.$$

若$\{e_i\}$是M的标准正交基,$\{\omega^i\}$是其对偶基,则$dv = \omega^1 \wedge \cdots \wedge \omega^m$.

定理 5.11(散度定理)　设(M^m,g)是m维有向的紧致无边 Riemann 流形,则对于M^m上任意一个光滑的切向量场X,有

$$\int_{M^m} (\mathrm{div}X)\Omega = 0.$$

证明　首先设$X = X^i \frac{\partial}{\partial x^i}$,

$$\mathrm{div}X = \sum_i X^i_{,i} = \sum_i \frac{\partial X^i}{\partial x^i} + \sum_{i,j} X^j \Gamma^i_{ij},$$

而

$$\Gamma^i_{ij} = \frac{1}{2} g^{ij} \frac{\partial g_{ij}}{\partial x^j} = \frac{1}{2} \cdot \frac{1}{|G|} \frac{\partial |G|}{\partial x^j} = \frac{1}{\sqrt{|G|}} \frac{\partial \sqrt{|G|}}{\partial x^j},$$

从而

$$\begin{aligned} \mathrm{div}X &= \sum_i \frac{\partial X^i}{\partial x^i} + \sum_j \frac{X^j}{\sqrt{|G|}} \frac{\partial \sqrt{|G|}}{\partial x^j} \\ &= \sum_i \frac{1}{\sqrt{|G|}} \frac{\partial}{\partial x^i}(\sqrt{|G|} X^i), \end{aligned}$$

于是

① 参见徐森林著:《微分几何》,中国科学技术大学出版社,1997 年版.

$$(\mathrm{div}X)\Omega = \frac{\partial}{\partial x^i}(\sqrt{|G|}X^i)dx^1 \wedge \cdots \wedge dx^m$$

$$= d\left(\sum_{i=1}^{m}(-1)^{i+1}\sqrt{|G|}X^i dx^1 \wedge \cdots \wedge \overset{\wedge}{dx^i} \wedge \cdots \wedge dx^m\right)$$

$$\triangleq d\omega.$$

其中

$$\omega = \sum_{i=1}^{m}(-1)^{i+1}\sqrt{|G|}X^i dx^1 \wedge \cdots \wedge \overset{\wedge}{dx^i} \wedge \cdots \wedge dx^m$$

是 $m-1$ 阶外微分形式,由 Stokes 定理得

$$\int_M(\mathrm{div}X)\Omega = \int_M d\omega = \int_{\partial M}\omega = 0.$$

定理 5.12　设 (M^m,g) 是 m 维紧致连通(无边)定向的 Riemann 流形,则 $\forall f \in C^\infty(M,\boldsymbol{R})$,有

$$\int_M \Delta f^* 1 = 0.$$

其中 ^{*1} 为 M^n 的体积元素.

证明　$\Delta f = \mathrm{div}\,\mathrm{grad}f$,在定理 5.11 中,令 $X = \mathrm{grad}f$,即得定理 5.12.

定义 5.9　设(M^m,g) 是 m 维 Riemann 流形,$f \in C^\infty(M,\boldsymbol{R})$

(1) 若 $\Delta f = 0$,则称 f 是 M 上的调和函数;

(2) 若 $\Delta f \geqslant 0(\leqslant 0)$,则称 f 是 M 上的上(下)调和函数.

定理 5.13(Hopf 引理)　设(M^m,g) 是 m 维紧致无边连通的 Riemann 流形,$f \in C^\infty(M,\boldsymbol{R})$. 若 $\Delta f \geqslant 0$(或 $\Delta f \leqslant 0$ 或 $\Delta f = 0$) 则

$$f = \mathrm{const}.$$

证明　设$\{e_i\}$ 是 M 的标准正交基,$\{\omega_i\}$ 是其对偶,则 M 的体积元素

$$^*1 = \omega_1 \wedge \cdots \wedge \omega_m, f_{,i} = e_i f = \nabla_{e_i} f,$$

$$df_{,i} = \sum_j f_{;ij}\omega_j - \sum_j f_{;j}\omega_{ji},$$

$$d\left(\sum_i(-1)^{i-1}f_{,i}\omega_1\wedge\cdots\wedge\hat{\omega}_i\wedge\cdots\wedge\omega_m\right)$$

$$=\sum_i(-1)^{i-1}df_{,i}\wedge\omega_1\wedge\cdots\wedge\hat{\omega}_i\wedge\cdots\wedge\omega_m)$$

$$+\sum_i(-1)^{i-1}f_{,i}\sum_j(-1)^{j-1}\omega_1\wedge$$

$$\cdots\wedge d\omega_j\wedge\cdots\wedge\hat{\omega}_i\wedge\cdots\wedge\omega_m$$

$$=\sum_i(-1)^{i-1}\sum_j(f_{,ij}\omega_j-f_{,j}\omega_{ji})\omega_1\wedge\cdots\wedge\hat{\omega}_i\wedge\cdots\wedge\omega_m$$

$$+\sum_i(-1)^{i-1}f_{,i}\sum_j(-1)^{j-1}\omega_1\wedge$$

$$\cdots\wedge\left(\sum_k\omega_{jk}\wedge\omega_k\right)\wedge\cdots\wedge\cdots\cdots\wedge\hat{\omega}^i\wedge\cdots\wedge\omega_m$$

$$=\sum_i(-1)^{i-1}f_{,ii}\omega_i\wedge\omega_1\wedge\cdots\wedge\hat{\omega}_i\wedge\cdots\wedge\omega_m$$

$$-\sum_i(-1)^{i-1}\sum_j f_{,j}\omega_{ji}\wedge\omega_1\wedge\cdots\wedge\hat{\omega}\wedge\cdots\wedge\omega_m$$

$$+\sum_i(-1)^{i-1}f_{,i}\sum_j(-1)^{j-1}\omega_1\wedge\cdots\wedge\omega_{ji}\wedge\omega_i\wedge\cdots\wedge\cdots$$

$$\cdots\wedge\hat{\omega}^i\wedge\cdots\wedge\omega_m$$

$$=\sum_i f_{,ii}\omega_1\wedge\cdots\wedge\omega_m=\sum_i f_{,ii}{}^*1,$$

于是,由 Stokes 定理

$$0=\int_M f\Delta f^*1=\int_M f\sum_i f_{;ii}{}^*1$$

$$=\int_M f\cdot d\left(\sum_{i=1}^m(-1)^{i-1}f_{,i}\omega_1\wedge\cdots\wedge\hat{\omega}_i\wedge\cdots\wedge\omega_m\right)$$

$$=\int_M d\left[f\sum_i(-1)^{i-1}f_{,i}\omega_1\wedge\cdots\wedge\hat{\omega}_i\wedge\cdots\wedge\omega_m\right]$$

$$-\int_M df\wedge\sum_i(-1)^{i-1}f_{,i}\omega_1\wedge\cdots\wedge\hat{\omega}_i\wedge\cdots\wedge\omega_m$$

$$=-\int_M f_{,i}\omega_i\wedge\sum_i(-1)^{i-1}f_{,i}\omega_1\wedge\cdots\wedge\hat{\omega}_i\wedge\cdots\wedge\omega_m$$

$$= -\int_M f_{,i}^2 {}^*1,$$

又 $\sum_i f_{,i}^2 \geqslant 0$，从而 $f_{,i}=0$，故 f 是局部上的常函数，又 M^m 是连通的，故 f 是 M^m 上的常数．

问题与练习

1. 设 $M^n = \{(x^1,\cdots,x^{n+1}) \in \boldsymbol{R}^{n+1} \mid x^{n+1} = f(x^1,\cdots,x^n)\}$，即 M^n 是 $\boldsymbol{R}^{n+1}$ 中的超曲面．$\tilde{\nabla}$ 是 $\boldsymbol{R}^{n+1}$ 上的平坦联络，M^n 上的向量场是

$$e_{n+1} = \frac{1}{\sqrt{1+\sum_{i=1}^{n}\left(\frac{\partial f}{\partial x^i}\right)^2}}\left(\frac{\partial f}{\partial x^1},\cdots,\frac{\partial f}{\partial x^n},-1\right).$$

定义 M^n 上的联络 ∇ 为

$$\nabla_X Y = \tilde{\nabla}_X Y - \langle \tilde{\nabla}_X Y, e_{n+1}\rangle e_{n+1},$$

证明 ∇ 满足仿射联络的条件．

2. 试证：任意一个线性联络 ∇ 都可以分解成它的挠率张量场 T 的倍数与一个无挠率线性联络的和．

3. 设 σ 是 M 中的 C^∞ 曲线，T_σ 是 σ 的切向量场，Y_σ 是沿曲线 σ 的向量场，若 $\nabla_{T_\sigma} Y_\sigma = 0$，则称向量场 Y_σ 沿曲线 σ 是平行的，试求在局部坐标系 (U,x^i) 下，Y_σ 沿曲线 σ 平行的表示式．

4. 设 σ 是 M 上的 C^∞ 曲线，T_σ 是 σ 的切向量场，若 $\nabla_{T_\sigma} T_\sigma = 0$，则称 σ 是 M 上的一条测地线．试求在局部坐标系 (U,x^i) 下，测地线的微分方程，特别对于平坦欧氏空间 $\boldsymbol{R}^n$，求测地线的参数方程．

5. 设 (M,∇) 是一个 m 维仿射联络空间，设 $\{\omega^i\}$ 是余标架场．$\{\omega_i^j\}$ 是联络形式，挠率形式是 $\Omega^i = d\omega^i - \omega^j \wedge \omega_j^i$，曲率形式是 $\Omega_j^i = d\omega_j^i - \omega_j^k \wedge \omega_k^i$．证明：

(1) $d\Omega^i = \omega^j \wedge \Omega_j^i - \Omega^j \wedge \omega_j^i$；

(2) $d\Omega_i^j = \omega_i^k \wedge \Omega_k^j - \Omega_i^k \wedge \omega_k^j$.

6. 设 $f \in C^\infty(M, \boldsymbol{R})$，试证：

$$f_{,ij} - f_{,ji} = \sum_k f_{,k} \Gamma_{ij}^k.$$

7. 设 $\{x^i\}$ 是 $\boldsymbol{R}^n$ 的整体自然坐标，定义

$$g_{ij} = \left\langle \frac{\partial}{\partial x^i}, \frac{\partial}{\partial x^j} \right\rangle = \delta_j^i,$$

$$\langle X, Y \rangle = \left\langle X^i \frac{\partial}{\partial x^i}, Y^j \frac{\partial}{\partial x^j} \right\rangle = \sum_{i=1}^n X^i Y^i.$$

试求：(1) Γ_{ij}^k；(2) $\nabla_{\frac{\partial}{\partial x^i}} \frac{\partial}{\partial x^j}$；(3) T_{ij}^k；(4) R_{ijl}^k.

8. 在 $\boldsymbol{R}^3$ 的球坐标系 (r, φ, θ) 下，将 Laplace 算子 $\triangle$ 表示出来 .

9. 考虑上半平面

$$\boldsymbol{R}_+^2 = \{(x, y) \in \boldsymbol{R}^2 \mid y > 0\}$$

在 $\boldsymbol{R}_+^2$ 上定义 Riemann 度量 g，使得在坐标系 (x, y) 下，$g_{11} = g_{22} = \frac{1}{y^2}$，$g_{12} = 0$. 试求 Γ_{ij}^k，$1 \leqslant i, j, k \leqslant 2$.

10. 写出 (1,2) 型张量场 T 及 (1,3) 型张量场 T 沿方向 X 的表达式，并写出分量函数沿 e_i 的协变导数 .

11. 证明 $\nabla^2 f$ 是对称的 (0,2) 型张量，$f \in C^\infty(M, \boldsymbol{R})$.